/ 张华夏科学哲学著译系列 /　任远 编

自然科学的哲学

PHILOSOPHY OF
NATURAL SCIENCE

[美]卡尔・G.亨普尔（Carl G. Hempel）◎著
张华夏◎译

中国人民大学出版社
・北京・

出版前言

张华夏先生（1932年12月—2019年11月），广东东莞人，中国著名哲学家，曾先后长期执教于华中科技大学和中山大学，在自然辩证法和科学技术哲学等领域取得了杰出成就。

2018年春，中山大学哲学系有感于学人著作系统搜集不易，由张华夏先生本人从其出版的二十部著译中挑选出六部代表性作品，交由中国社会科学出版社和中国人民大学出版社出版。这六部作品是：卷一《系统观念与哲学探索：一种系统主义哲学体系的建构与批评》（张志林、张华夏主编）、卷二《技术解释研究》（张华夏、张志林著）、卷三《现代科学与伦理世界：道德哲学的探索与反思》（张华夏著）、卷四《科学的结构：后逻辑经验主义的科学哲学探索》（张华夏著）、卷五《科学哲学导论》（卡尔纳普著，张华夏、李平译）、卷六《自然科学的哲学》（亨普尔著，张华夏译），前五卷由中国社会科学出版社出版，卷六《自然科学的哲学》由中国人民大学出版社出版。其中两部译著初版于20世纪80年代，影响一时广布。四部专著皆为张华夏先生从中山大学退休后总结毕生所学而又别开生面之著作，备受学界瞩目。此次再刊，张华夏先生对卷一内容稍加订正，对卷四增补近年研究成果，其余各卷内容未加改动。张华夏先生并于2018年夏口述及逐句订正了《我的哲学思想和研究背景——张华夏教授访谈录》，交由文集编者，总结其学术思想与平生遭际，置于此系列卷首代序。

这六部著译，初版或再版时由不同出版社刊行，编辑格式体例不一，引用、译名及文字亦时有漏讹。此次重刊由编者统一体例并校订。若仍有错失之处当由编者负责。

2019 年 11 月，先生罹疾驾鹤西去而文集刊行未克功成。诚不惜哉！愿以此文集出版告慰先生之灵。

编者

2020 年 5 月

序 言

本书对现代科学方法论和自然科学哲学的一些中心论题提供一个导论。为了适应篇幅有限的情况，我决定对有限的重要论题作较详细的论述而不是就广泛的主题泛泛而论。虽然本书在性质上是一本基本读物，但我力求避免误导的过分简化，并且我还提出现时的研究和讨论的课题中的某些尚未解决的问题。

对于那些想对这里已经讨论过的问题作更充分的探讨或者想要了解科学哲学的其他问题领域的读者们，他们会发现在本书末尾的简短目录中有有关进一步读物的建议。

本书的实质性的部分是在 1964 年写的，那是我在行为科学高级研究中心（Center for Advanced Study in the Behavioral Sciences）当研究员的最后的几个月，我乐于对得到这个机会表示我的谢意。

最后，我衷心感谢本丛书的编辑，Elizabeth 和 Monroe Beardsley 的有价值的建议以及 Jerome B. Neu 在阅读校样和准备索引方面的有效帮助。

卡尔·G. 亨普尔

目　录

第 1 章　本书的范围和目的 …… 1
第 2 章　科学研究：发明与检验 …… 3
　2.1　一个历史案例 …… 3
　2.2　检验假说的基本步骤 …… 6
　2.3　归纳在科学研究中的作用 …… 10
第 3 章　假说的检验：它的逻辑及其效力 …… 21
　3.1　实验检验与非实验检验 …… 21
　3.2　辅助性假说的作用 …… 24
　3.3　判决性检验 …… 28
　3.4　特设性假说 …… 31
　3.5　原则上的可检验性和经验含义 …… 33
第 4 章　确证和可接受性的标准 …… 36
　4.1　支持证据的数量、种类和多样性 …… 36
　4.2　借助“新”检验蕴涵所做的确证 …… 40
　4.3　理论的支持 …… 42
　4.4　简单性 …… 44
　4.5　假说的概率 …… 49
第 5 章　定律及其在科学解释中的作用 …… 52
　5.1　科学解释的两个基本要求 …… 52
　5.2　演绎律则解释 …… 55

5.3 普遍定律和偶然概括 …… 59
5.4 概率性解释：基本原理 …… 64
5.5 统计概率和概率性定律 …… 65
5.6 概率性解释的归纳性质 …… 73
第6章 理论和理论的解释 …… 77
6.1 理论的一般特征 …… 77
6.2 内在原理和桥接原理 …… 80
6.3 理论的理解 …… 82
6.4 理论实体的地位 …… 85
6.5 解释与“还原为熟悉的东西” …… 90
第7章 概念的形成 …… 93
7.1 定义 …… 93
7.2 操作定义 …… 97
7.3 科学概念的经验含义和系统含义 …… 100
7.4 论“操作上无意义”问题 …… 105
7.5 诠释性语句的特征 …… 106
第8章 理论的还原 …… 111
8.1 机械论和活力论的争论 …… 111
8.2 术语的还原 …… 113
8.3 定律的还原 …… 114
8.4 再论机械论 …… 116
8.5 心理学的还原，行为主义 …… 117

进一步阅读的书目 …… 123
索引 …… 126
译后记 …… 132

第 1 章

本书的范围和目的

科学探索的各种不同分支可以划分为两大类：经验科学和非经验科学。前者旨在揭示、描述、解释和预言我们生活在其中的世界的种种事件。因此，他们的陈述必须经受我们的经验事实的检验，而它们是可接受的，只因它们得到经验证据的支持。这样的证据是用许多不同方式而获得的：通过实验，通过系统的观察，通过访问与考察，通过心理的或临床的测试，通过对文献、碑铭、钱币、考古遗迹的仔细查核，等等。这种对经验证据的依赖将经验科学与非经验的逻辑学科和纯数学学科区分开来，这些非经验科学的命题被证明为与经验的发现实质上是无关的。 *1*

经验科学进而又经常划分为自然科学和社会科学。这些区分的标准不如经验研究与非经验研究的区分标准来得清楚，并且精确地在哪里划线也没有达成共识。通常自然科学被认为包括物理学、化学、生物学及其边缘领域；而社会科学则有社会学、政治科学、人类学、经济学、史料编纂学以及其他相关学科。心理学有时归入自然科学，有时又归入社会科学，并常被认为是两者的交叉学科。

在这套丛书中，自然科学哲学与社会科学哲学分别在不同卷中进行讨论。这种论题的分开处理服务于使科学哲学这一大领域有比较恰当的讨论这个实际目的；它并不是想加一个成见于这种问题上来说明这种划分是否也有系统的意义，即在题材、目的、方法和预设上自然科学与社会科学是否有根本的区别。人们广泛地并根据许 *2*

多不同的、值得注意的理由来断言这些广阔的领域之间有着基本的差别。对这些主张的透彻的探讨要求对社会科学和自然科学作深入的分析，因而超出了这本小书的范围。尽管如此，我们的讨论将使这个问题更加明确。因为在我们探讨自然科学哲学的过程中，我们将不时地投下比较的眼光来注视社会科学。我们将会看到我们有关科学研究方法和科学探索原理的发现不但可以应用于自然科学而且可以应用于社会科学。因此，“科学”和“科学的”这些词，常被用于指称整个经验科学的领域；不过当要求明晰时，我们将加上限制定语。

科学在今天享有很高的声誉，无疑地大半可以归之于它在应用方面的惊人成就以及它的应用领域的迅速扩展。经验科学的许多分支已为相关的技术提供基础，这些技术将科学研究的成果付诸实际运用，而后者又常常反过来为纯粹科学和基础研究提供新的资料、新的问题和新的研究工具。

但是，科学除了帮助人们致力于寻求控制他们环境的努力之外，科学还回应了人们的另一种虽然无实际利害关系但仍是深刻和持久的驱动：那就是对他们自己所处的世界获得越来越广泛的知识和不断增长着的理解的愿望。在以后各章里，我们将要考察科学研究的这些主要的目标是怎样实现的。我们将会考察科学知识是如何获得的，它如何得到支持以及它如何发生变化；我们将要研究科学怎样解释经验事实，它的解释能给我们提供什么样的理解；而在这些讨论的过程中，我们将会涉及一些有关科学探索、科学知识和科学理解的预设和界限的更一般的问题。

第 2 章

科学研究：发明与检验

2.1 一个历史案例

3

为了简单地说明科学研究的某些重要方面，让我们考察一下塞美尔怀斯（Ignaz Semmelweis）对产褥热的研究工作。I. 塞美尔怀斯是一个出生于匈牙利的医生，1844 年至 1848 年，在维也纳总医院从事这项工作。他是这个医院的第一妇产区的医生之一，塞美尔怀斯发现在这个妇产区分娩的妇女中，有很大比例患上一种叫做产后高烧（puerperal fever）或叫产褥热的严重的并且常常是致命的疾病，对此他十分苦恼。在 1844 年，在第一妇产区 3 157 个母亲中有 260 人或 8.2% 死于这种疾病；1845 年，死亡率为 6.8%；而 1846 年死亡率为 11.4%。这个数字之所以更令人担忧的原因是，在同一医院毗邻该病区的第二妇产区，住着几乎与第一妇产区同样多的妇女，在同样的年份里，死于产褥热的比例是很低的：2.3%，2.0%，以及 2.7%。塞美尔怀斯在他后来写的有关产褥热的原因及其防护的书中，描述了他怎样解决这个可怕的难题。[1]

他从考察当时流行的各种解释开始，对于那些与相当有根据的事实不相容的一些解释，他立即加以拒斥；对于其他的解释，他付诸试验。

一个广为人们接受的观点是将产褥热的灾难归因于“瘟疫感染”，含糊地将它说成是“大气—宇宙—地球变化”传播到整个地区，而引起分娩妇女的产褥热，塞美尔怀斯推论道：这种感染怎么可能侵袭第一妇产区几年了，而第二妇产区则可以幸免呢？并且，这种观点怎能与下列的事实相协调呢？虽然产褥热在该医院流行，但在维也纳市及其近郊则几乎一例也没有发生：一种真正的瘟疫，例如霍乱病可没有这种选择性啊。最后，塞美尔怀斯注意到，被第一妇产区答允就产的一些妇女，由于住在远离医院的地方，在临医的路上出现阵痛，在街上产下小孩；尽管有这些不利条件，在这些“街道分娩”案例中，其产褥热的死亡率却低于第一妇产区的平均值。

另一种观点认为，第一妇产区过分拥挤是这种死亡率的一个原因。但塞美尔怀斯指出，事实上第二妇产区更加拥挤，部分是因为病人们不顾一切地努力去避免被分派到恐怖的第一妇产区的缘故。他也拒绝了两个当时流行的类似的猜测，他注意到这两个区对入院者的饮食和一般照顾并没有什么差别。

1846 年，一个被任命来调查这件事的委员会把第一妇产区的疾病蔓延归因于医科学生对产妇的粗暴检查引起的伤害所致，这些学生都是在第一妇产区接受产科的训练的。塞美尔怀斯记录了下面的事实来反驳这种观点：(a) 由分娩过程自然地造成的伤害比由于粗暴检查所造成的伤害广泛得多；(b) 在第二妇产区接受训练的助产士也几乎以同样的方式检查他们的产妇但无同样的病情效果；(c) 当时，作为对这个委员会报告的一种回应，医科学生的数目减半，而他们对妇女的检查减到最小量，死亡率在短时期的下降之后，上升到比以前更高的程度。

人们还试图进行各种心理的解释。其中一种解释注意到第一妇产区是作了这样的安排的，一个教士要对一个将死的妇女举行最后的洗礼时必须通过五个病房然后到达这一病室。教士的出现以及走在他前头的摇铃的随从，被认为会对这些病室的病人产生令人恐怖和使人衰弱的影响，从而使他们更有可能成为产褥热的牺牲者。而在第二妇产区，这种不利的因素就没有，因为教士直接进入病房。塞美尔怀斯决定检验这种猜测。他说服教士绕道走并且不摇铃，以便安静而不受注意地到达病室。但第一妇产区的死亡率并没有因此而下降。 *5*

由于观察到第一妇产区的妇女是仰卧分娩而第二妇产区的妇女是侧卧分娩，一个新的观念提给塞美尔怀斯。虽然塞美尔怀斯认为情况很不像是那样的原因，不过他还是像“溺水者抓住一根稻草”那样去检查这个程序上的差异是否有明显的重要性。他在第一妇产区引进侧卧分娩法，但死亡率再次不受影响。

终于，在 1847 年初，一个意外事故给塞美尔怀斯提供了解决这个问题的决定性线索。他的一个同事科列奇卡（Kolletschka）在与一个学生一起进行尸体解剖的时候，他的手指被这学生的解剖刀刺伤，在经历了痛苦的病症之后终于死亡。在他病痛的过程中，他展示了塞美尔怀斯在产褥热牺牲者身上观察到的同样的症状。虽然那时候微生物在这类传染病中的作用尚未被人们所认识，但塞美尔怀斯认识到从这个学生解剖刀引进科列奇卡血流中的“尸体物质”（cadaveric matter）导致他的同事的致命疾病，科列奇卡发病过程与他诊所中的妇女的发病过程的相似性导致塞美尔怀斯得出结论，他的病人都死于同类的血液中毒：他、他的同事以及医科学生都是这种传染病物质的携带者，因为他和他的同事都是从尸体解剖房进行解剖后直接进入病房，并仅仅经过敷衍的洗手之后就检查分娩中的妇女的，他们的双手常常保留有腐败的气味。

塞美尔怀斯再次将他的想法付诸检验，他推论，如果他的看法是对的，则产褥热可以通过化学地破坏粘在他们手中的传染物质而得到预防。因此，他发布命令，要求所有医科学生在对产妇进行检查之前要在漂白粉溶液中进行洗手。于是产褥热死亡率迅速下降，第一妇产区在 1848 年下降到 1.27％，而与此相对照第二妇产区的产褥热死亡率为 1.33％。

进一步支持他的看法，或者像我们常说的，支持他的假说，塞美尔怀斯注意到这个假说说明了为什么第二妇产区的死亡率始终是这样低，那是因为那里的病人是由助产士护理，他们的训练项目并不包括尸体解剖的解剖学教育。

这个假说还解释了“街道分娩”的低死亡率，因为手抱婴儿进医院的妇女在入院后很少进行检查，从而有很好的机会逃过了被传染。

6 同样，这个假说说明了这样的事实，那些新生儿的产褥热牺牲者全都来自分娩时已得了这种病的母亲；因为那时传染是通过母婴的共同血液传给出生前的婴儿的，而当母亲仍然健康之时，这种传染是不可能的。

进一步的临床经验很快导致塞美尔怀斯扩展他的假说。例如，在一次偶然的事故中，他和他的同事，在以往经过对手进行仔细消毒后，首先检查一个分娩妇女，她患有腐烂性的宫颈癌，然后只经过常规的洗手而没有重新消毒，便去检查同一房间的另外十二个妇女，后来这十二个妇女有十一个死于产褥热。塞美尔怀斯得出结论：不仅尸体物质可以导致产褥热，而且“活机体衍生的腐败物质”也可以导致产褥热。

2.2 检验假说的基本步骤

我们已经看到，在塞美尔怀斯研究产褥热的原因时，他怎样检查了作为可能答案的各种假说。这些假说是如何获得的呢？这是一个引人入胜的问题，我们稍后将要进行讨论。但首先，我们要检查一下，一个假说一旦被提出，它是怎样被检验的。

有时，这种程序极为直接。考虑一下那些以两妇产区之间的拥挤程度不同、饮食以及一般护理不同来说明两区之间的死亡率不同的猜测。正像塞美尔怀斯指出的那样，这些都立即与可观察事实相冲突。在这两个区之间，都不存在这些差别；所以这些假说被作为错误的东西被拒绝了。

不过这些检验通常都没有这样简单和直截了当，就拿第一区的高死亡率归因于教士及其随从的出现导致的恐惧的假说来说吧。恐惧的强度，特别是它对产褥热的效应都不像拥挤程度或饮食的不同那样直接地可确定的，而塞美尔怀斯运用一种间接的检验方法，他问自己：如果这个假说是真的，这里有什么即时可检验效应理应发生呢？而他作出这样的推理：如果这个假说是真的，则教士程序作了适当的改变之后，则死亡率的下降将随之而来，他用简单的经验来检查这个蕴涵关系（implication）并发现它是错的，因此他抛弃了这个假说。

类似的，为了检验有关妇女临产时体位姿势的猜测，他推论道：如果这个猜测会是正确的，则在第一妇产区采取侧卧分娩会降低死亡率。通过他的实验，表明这个蕴涵同样也是错误的，因而他也抛弃了这个猜测。

在最后的两个案例中，检验是基于对这样的影响的论证：如果所构想的假说 H 是真的，则在特定的环境下（如假定教士不经过这些病房或妇女侧卧分娩等），就有一定的可观察事件（为死亡率下降）理应出现；或简言之，如果 H 则 I，这里 I 是描述被预期的可观察现象的陈述句。为了方便起见，让我们说 I 是由 H 推出的或被 H 所蕴涵的；让我们称 I 为假说 H 的检验蕴涵（test implication of hypothesis）。（后面我们将要对 I 与 H 的关系作更精细的描述。）

7

在我们最后的两个案例中，实验表明这个检验蕴涵是假的，并且这个假说相应地被抛弃。导致这个假说被抛弃的推理可被图式化如下：

(2a)　若 H 为真，则 I 也真。
　　　但（证据表明）I 不真。

H 不真。

任何这种形式的推理，在逻辑上被称为否定后件推理（modus

tollens)，在演绎上是有效的（valid）[2]；如果它的前提（横线以上的语句）是真的，则它的结论（横线以下的语句）也一定为真。因此，如果（2a）的建立是适当的，则被检验的假说 H 确实必须被抛弃。

接下来，让我们来考察观察或实验支持（bears out）检验蕴涵 I 的情况。从他的产褥热是因尸体物质导致的血中毒假说，塞美尔怀斯推出：适当的消毒措施会降低这种疾病的死亡率，这一回，经验表明这个检验蕴涵是正确的。但这个有利的结果并不能结论性地证明这个假说是真的，因为它所依据的论证具有这样的形式：

(2b)　若 H 为真，则 I 也真。
　　　（证据表明）I 为真。
　　　―――――――――――――
　　　H 是真的。

而这样一种推理模式，被称为**肯定后件的谬误**（fallacy of affirming the consequent），在逻辑上是无效的（invalid）。这就是说，即使它的前提是正确的，其结论也可能是错误的。[3] 这在事实上已被塞美尔怀斯自己的经验所例示了。在他将产褥热说成是血中毒的一种形式的原初观点里，他把尸体物质的感染本质上看作一个并且是唯一的一个病源，他正确地推论说：如果这个假说为真，则通过消毒洗手来破坏尸体微粒必将降低死亡率。进而，他的实验的确表明这个检验蕴涵是正确的。因此，在这种情况下，（2b）两前提都是真的。不过他的假说都是假的。因为，正如他后来所发现的，来自活机体的腐败物也能导致产褥热。

8

因此，检验的有利结果，即由假说推出的一个检验蕴涵被发现为真这个事实并不证明这个假说为真。即使如果一个假说的许多蕴涵已被细心的检验所确证（borne out），这个假说也可以仍然是假的。下面的论证仍然犯有肯定后件的谬误：

(2c)　若 H 为真，则 I_1，I_2，…，I_n 也真。
　　　（证据表明）I_1，I_2，…，I_n 都真。
　　　―――――――――――――
　　　H 是真的。

这也可以由塞美尔怀斯最后一个假说的原初观点作出例示，正像我们前面所说的，他的假说同时也产生这样的检验蕴涵：被接纳到第一妇产区的“街道分娩”病例中，因产褥热的死亡率应该低于第一妇产区的平均死亡率；没有这种病的母亲生出的婴儿不会患产褥热。而这些蕴涵也都为证据所支持，即使这个最终假说的原初观点是假的。

我们说，无论有多少检验的有利结果，都不能为一个假说提供结论性的证明，但是这个观察并不应引导我们去想：假使我们对一个假说进行了许多检验，都得到了有利结果，这件事并不会比我们完全没有检验过这个假说好一些。因为对于每一次检验都可能设想会有一个不利的结果出现，并可导致这个假说被抛弃。一个假说的不同的检验蕴涵 I_1，I_2，…，I_n 都能获得有利结果，这表明，就这些蕴涵所涉及的范围而言，这个假说已得到支持。而虽然这个结果没有给这个假说提供一个完全的证明，但它至少提供了某种支持，提供了某种特别的确认或确证（corroboration or confirmation)，这种支持的程度依赖于假说和检验材料的不同方面，这将在第四章中进行考察。

现在让我们考察一下其他的实例[4]，它也将我们带到去注意科学研究的一些其他方面。

9

在伽利略时代，或许还要早得多，人们就已经知道，简单的抽水泵借助于可在泵筒中提升的活塞，从井里抽水最多不能抽到离井面 34 英尺左右。伽利略对此产生了极大的兴趣，并作出一种解释，但这个解释并不确当，在伽利略死后，他的学生托里拆利提出了一个新的解答。他论证说，地球被空气海洋所环绕，这些空气，由于重力的缘故，施压力于地面，这些压力施于井面上，当活塞提升时，迫使井水沿泵筒上升，因此泵筒中水柱最高只能达到 34 尺，不过是反映了大气在井面上的压力而已。

显然我们不能用直接的检测或观察来说明这个说法是否正确，托里拆利用间接的方法来检验它。他推论道，如果他的猜想为真，那么大气压力也应能支持相对短的水银柱。由于水银比重比水大 14 倍，水银柱的高度应大约为 34/14 英尺，或比 2.5 英尺略短一些。他用一个巧妙而简单的装置检验了这个检验蕴涵，实际上，这个装置就是水银气压计。他用盛着水银的开口的器皿代替水井，以封闭的水银管代替抽水泵筒，以大拇指压紧水银柱开口的一端，然后将它倒置，令开口一端浸入水银槽中，然后将大拇指放开；于是管中水银柱开始下降，直至其高度降至约 30 英寸为止，正如托里拆利假说所预言的那样。

帕斯卡注意到这个假说的另一个检验蕴涵。他推论道，假如托里拆利气压计的水银柱是靠开口水银井上的大气压力平衡着，则它的长度会随它的高度增加而减少，因为高处的空气重量较小，接受了帕斯卡的邀请，他的姐夫普里哀在 4 800 英尺的普夷迪-多姆山脚下测量了托里拆利气压计的水银柱高度，然后仔细地把仪器带到山顶，并在那里重复测量。这时有一个能核对的气压计留在山下由另一个助手监管。普里哀发现在山顶上水银柱比山脚下短 3 英寸，而这天在核对气压计中的水银柱高度始终保持不变。

10

2.3 归纳在科学研究中的作用

我们已经考察过，某些科学研究中，人们以假说的形式提出了对某一问题的试探性解答，然后从假说中推导出一些适当的检验蕴涵，并通过观察和实验检验这些蕴涵。

但首先我们要发问，这些适当的假说是怎样获得的呢？有时人们会认为，这些假说是从先前收集的资料中，通过所谓归纳推理程序（a procedure called inductive inference）而推演出来的，这种归纳推理与演绎推理相反，它们两者之间，有重要的不同之处。

在演绎的有效的推理中，结论与前提以这样的方式联系着，如果前提是真的，则其结论也不可能不真，例如具有下列一般形式的任何论证就满足这个要求：

> 如果 p，则 q。
> 并非 q。
> ―――――――――
> 并非 p。

简短的反思就能明了，无论什么样的特称陈述，置于字母“p”与“q”的位置，假定前提为真，则结论必真。事实上，我们的图式表现了我们上面提到过的称之为否定后件推理的论证。

另一类演绎的有效的推理式可由下面的例子来加以说明：

> 任何钠盐，放在本生灯的火焰中时，就会产生黄火焰。
> 这片岩盐是钠盐。
> ―――――――――――――――――――――――――
> 这片岩盐，置于本生灯的火焰中时，将会产生黄火焰。

这后一论证，常被说成是从全称（这里前提是有关所有的钠盐）推到特称（有关特定岩盐片的结论）的论证。与此相对照，归纳推理有时被描述为从有关特别事例的前提导出具有普遍规律或原理这样的特殊的结论。例如，各种各样钠盐的每一个特定样品放入本生灯火焰中都呈现出黄色火焰这样的前提，归纳推论到可望导致一个普遍的结论：所有的钠盐，当置入本生灯火焰中时，都令火焰生黄色火焰。但是，在这种情况下，前提为真显然不能保证结论为真；因为，即使到目前为止所有检查过的钠盐都令本生灯火焰转呈黄色，仍然十分有可能发现新种类的钠盐不符合于这个概括。确实，甚至有些种类的钠盐已经检验过，有上述的肯定的效果，但也可以设想，它可能会在某种未被检验过的特定物理条件下（如磁场很强或诸如此类）不再满足上述的概括。基于这个理由，人们常说归纳推理的前提蕴涵的结论只具有或高或低的概率，而演绎的前提蕴涵的结论则具有确定无疑性。 11

在科学研究中，归纳推理从事前收集到的资料推出适应的一般原理，这样的想法很清楚地表现于下列的有关一个科学家应该如何理想地进行其活动的说明中：

> 假若我们试图去想象一个有超凡能力，而其思想达到正常的逻辑过程的心灵……会如何使用科学方法，其过程如下：首先要对所有的事实加以观察和记录，不加选择，也不对它们之间的相对重要性作先验的猜测。第二，对这些观察和记录下来的事实进行分析、比较和分类，除了必然地包含于思想逻辑过程中的东西之外，不作任何的假说或设定。第三，从这些事实的分析中，归纳地导出有关事实之间的类关系和因果关系的普遍的概括。第四，运用从以上得来的概括进行推理，进一步的研究将既是演绎的，又是归纳的。[5]

这一段话区分了理想的科学研究的四个阶段：（1）对所有的事实进行观察与记录；（2）对这些事实进行分析与分类；（3）从这些事实中归纳地导出普遍概括；（4）进一步检验这些普遍概括。在最初的两个阶段里，特别地假定对于被观察的事实有怎样的相互联系不做任何的猜测与假说。这种限制是由这样一种信念所强加的：先入为主的观念会导致偏见，从而危害科学研究的客观性。

然而，上述引文所表达的观点（我把它称为科学研究中的狭隘归纳主义的观念）是站不住脚的，其理由有几个。对于这些理由的简要纵览，可以看作我们早先讨论过的科学程序的扩展与补充。

首先，作如此设想的科学研究根本无法开始。甚至它的第一阶段也永远无法实现。因为要收集所有的事实不得不等到世界末日；不但如此，即使要收集到目前为止的全部事实，也是不可能的，因为它们的数量无限，种类也无限。例如，我们能调查全部沙漠和全部海滩上的沙粒吗？我们能记录它们的形状、重量、化学成分、彼此间的距离、它们的不断变化的温度以及它们同样地变化着与月球中心的距离吗？我们能记录下这冗长乏味的过程中每一段浮现在我们脑海中的思绪联想吗？能记录下我们头顶上的云彩的形状以及不断变化着的天空颜色吗？或者我们能记录下我们书写的用具的结构和商标吗？或者我们还要记录下我们自己以及一起进行研究的同事们的生活史吗？所有这些，以及我们还没有说到的事物，总之都包括在“迄今为止的所有事实”之中。

因而，也许在第一阶段所要求的一切，只是收集所有相关的事实。可是相关于什么呢？虽然作者并没有提到这一点，让我们假定，研究是相关于一个特定的问题。因而我们是否应该去开始收集有关于这个问题的所有事实，或者说得更确切些，收集相关于这一问题的可获得的全部资料吗？这样的概念仍然是意义不清楚的。塞美尔怀斯寻求解决一个特定的问题，他在他研究的不同阶段收集了种类很不相同的资料。他这样做是对的。他有理由去收集特别类型的那些资料，不是由研究的问题来决定的，而是由研究者在猜测与假说的形式下怀有某种试探性解答来决定的。如果我们猜测产褥热死亡率提高是因为教士及其随行者临终铃声的出现的恐怖所引致的，那么，收集教士改变他的路线引起的效果这些方面的资料就是相关的；而去考察在检查病人之前，医生们以及学生们是否对双手进行消毒所引致的效果，则是完全无关的。对于塞美尔怀斯最后提出的污染物质的假说而言，后面提到的资料是相关的，而前一类资料则是完全无关的。

因此，经验“事实”和发现能称得上是逻辑相关的或不相关的，只是参照某一特定的假说而言的，而不是参照于某一特定的问题而言的。

现在假定，一个假说 H 是作为某个研究问题的试探性解答而提出来的；什么样的资料与 H 相关呢？我们上面的例子得出了一个建议性的回答：一个发现，如果它的出现或它的不出现，能从 H 推出，则它与 H 是相关的。以托里拆利的假说为例。正如我们已经看到的，帕斯卡由此推论，把气压计带到山上，气压计的水银柱应该变短。因此，在特定的情况下确实发生的任何这种效应的发现是与这个假说相关的。但是，如果发现登山时水银柱的高度仍然不变，或在登山过程中，它先缩短然后又增长，这种发现也与假说相关，因为这样的发现可用来反驳帕斯卡的检验蕴涵，并从而反证（disconfirm）托里拆利的假说。上述的前一类资料对该假说而言，　13

可以称为正相关或有利相关，而后者可以称之为负相关或不利相关。

总而言之，提倡资料的收集应不受有关被研究事实之间关系的假说所引导，这个格言是不能自圆其说的，它在科学研究中当然是不被人们遵循的。恰恰相反，对于指出科学研究的方向来说，试探性假说是必要的。其中，这样的假说决定了在科学研究中，在某一论点上，我们应该收集什么资料。

有趣的是，当社会科学家试图参照美国户口调查局或其他资料收集机构收集的极其大量的事实来检验一个假说时，他们有时大为失望。有些变量在某一假说中占着中心的地位，可是它们的值却没有被系统地记录下来。当然，我们这样说并不是要批评资料的收集工作；那些致力于收集资料的人，无疑地试图选择这样的事实，会在将来被证明与未来的各种假说相关。我们这一观察不过想要例示，如果我们没有与资料相关的假说的知识，就根本不可能收集“全部有关的资料”。

对于我们上述引文中设想的第二阶段，也可加以类似的批评。一组经验事实，可以以各种不同的方式进行分析与分类，其中大部分对于我们特定的研究目的来说，是不能说明问题的。塞美尔怀斯可以根据诸如年龄、居住地、婚姻状况、饮食习惯等标准将妇产科病房的妇女进行分类。可是这类信息，却不能对某个住院者是否死于产褥热的预期提供任何线索。而塞美尔怀斯所寻找的标准是与这些预期有明显联系的；为了这个目的，正像他最后发现的那样，把那些被医务人员污染了的手接触过的妇女区分出来是能说明问题的，因为产褥热高死亡率正是与这种特征以及相应的病人种类相关。

因此，如果对经验发现进行分析与分类的特定的方法导致对相关现象的解释，则它必定是建立在有关这些现象是怎样联系着的这样的假说的基础上；没有这样的假说，分析和分类都是盲目的。

我们对上述引文中所设想的第一、第二阶段的批判性反思也同样反驳了这样一种观点，即认为假说只是在第三阶段，借助于先前收集资料通过归纳推理而引进的。不过对于这个主题，我们必须在此加以补充，作进一步的评论。

有时候，归纳被认为是这样一种方法，借助于机械的应用规则，从观察事实中得出相对应的普遍原理。在这种情况下，归纳推理的规则会提供科学发现的有效准则。归纳就会类似于人们熟知的整数乘法的程式，经过事先安排好的机械的可实现的步骤，来得到相应的乘积那样。可是我们现在还没有这样的普遍和机械的归纳程序。否则，人们研究得这么多的癌症原因问题，就不至于到今天仍没有解决，也不能期望在今后会发现这样一种程序。就举其中一个理由来说，科学的假说和理论常用这样一些术语来表述，这些术语完全没有出现在假说和理论所依据的以及它们所要解释的经验发现的描述中。例如，关于物质的原子结构和亚原子结构的理论中就包含这样的术语，如“原子”、“电子”、“质子”、“中子”、“ψ 函数”等。但它们建立在关于各种各样的气体光谱、云雾室中的轨迹、化学反应的量的方面等实验室发现的基础上，而所有这些发现都能不使用这些“理论术语”来进行描述。这里所设想的那些归纳规则就得提供一种机械性的门路，在给定的资料数据的基础上，建构一种假说或理论。而这些假说或理论用不出现于资料数据的描述中的一些非常新颖的概念来描述。当然，不能期望有任何普遍的机械程序规则会达到这一目的。例如，是否可能有一种普遍的规则，当应用于伽利略所获得的有关抽水泵抽水高度有限制效应的数据时，能用一种机械的程序产生一个基于气海这一概念的假说呢？

当然，根据一定的数据用归纳“推出”假说的机械程序对于某些特殊的和比较简单的情况是可以做到的。例如，如果在几种不同的温度下测量铜棒的长度，所得温度和长度的一对对有关温度与长度的对应值可以用平面坐标系的点来表现，可以按照某一特定的曲线拟合规则通过这些点画出一条曲线。于是这条曲线以图形的方式表现了一个普遍的定量假说，这个假说表示铜棒的长度是它的温度

14

的特殊函数。但要注意，这个假说不含有新的术语；它是可以用温度和长度这些在描述数据时也使用的概念来表示的。况且，作为数据的温度和长度“有关”值的选择已预设了一个导向性的假说；也就是说，对应于温度的每一数值，正好有一个铜棒长度值与之相联系，因此铜棒的长度确实仅是它的温度的函数。所以机械的曲线拟合配置程序只是用来选择一个作为合适者的特定函数。指出这一点是重要的；因为假定我们考察的不是铜棒，而是封闭在一个用可移动活塞做盖的圆柱体容器内的氮气物体，而我们在若干不同温度下测量它的体积。如果我们要利用这个程序尽力从我们的数据中获得一个普遍性假说，即把气体的体积描述为它的温度函数，那我们就要失败，因为气体体积既是它的温度的函数，也是施加于它的压力的函数，以至在相同的温度下，一定的气体可以有不同的体积。

因此，甚至在这些简单的案例中，建构假说的机械程序也只起到一部分的作用，因为它预设了一个先行的、不那么具体明确的假说（即某个物理变量是另一个单一物理变量的函数），而这个假说是不能由相同的程序获得的。

所以，不存在这样的普遍可适用的“归纳法规则”，运用它，假说和理论就可以从经验资料中机械地导出或推论出来。从资料过渡到理论要求有创造性的想象。科学假说和理论不是从观察事实中**导出**的，而是为了说明观察事实而**发明**出来的。它们是对正在研究的现象之间可获得的各种联系的猜测，是对可能是这些现象出现基础的齐一性和模式的猜测。这类“巧妙的猜测”[6] 需要伟大的才智，尤其是当它们与科学思想流行模式偏离很远的时候，如像在相对论和量子论所进行的那样。在科学研究中所需要的发明能力，必须从完全精通该领域的现行知识中获得。一个完全的生手很难作出重要的科学发现，因为他的想法很可能重复以前人们已经试验过的东西，或者同他所不知道的已得到充分确认的事实或理论发生冲突。

然而，达到富有成效的科学猜测的方式与系统推理的任何过程

16

都是很不相同的。例如，化学家凯库勒告诉我们，他尝试构造苯分子的结构式，很久都没有成功。1865 年的某天傍晚，他正在他的壁炉前面打瞌睡时，却找到了他的问题的答案。在凝视着炉中的火焰时，他仿佛看见原子在蛇形的列阵中飞舞。突然，其中一条蛇咬住它自己的尾巴形成一个环，然后在他的面前嘲弄地旋转。凯库勒刹那间醒悟了：他找到了用六边形的环来描述苯分子结构这个现时是著名的和大家熟知的观念。他用了该晚其余的时间做出了这个假说的各种推论。[7]

最后一段评论包含了关于科学客观性的一个重要的提示。科学家在努力寻求他的问题的解答时，可以自由发挥他的想象力，而他的创造性思维过程甚至可能受到在科学上是有问题的观念的影响。例如，开普勒研究行星运动是由他对数的神秘学说和想要证明天体乐曲韵律的兴趣所激励。然而，科学中假说和理论可以是自由地发明和**提出**的，但仅当他们通过批判性的审查（这种审查尤其包括用细致的观察或实验核查适当的检验蕴涵），他们才能**被接受**进入科学认识的主要部分中。

有趣的是，想象力和发明在那些其成果只能用演绎推理才有效的学科中，例如在数学中，起着相类似的重要作用。因为演绎推理规则也一样不能提供机械的发现规则。正如我们上述**否定后件推理**的陈述已阐明的那样，那些规则通常是以一般的图形的形式表达出来的，图式的任何事例都是在演绎上有效的推论。如果给出特定类的前提，这种图式实际上具体规定了获得逻辑结论的方式。但是，对于任何一组可以提供的前提，演绎推理的规则具体规定了无限的有效的演绎结论。例如，一个简单的规则是由下列图式表示的：

$$\frac{p}{p \text{ 或 } q}$$

实际上，它告诉我们，从 p 是事实这一命题必然得出 p 或 q 是事实这个结论，这里 p 或 q 可以是任何命题。“或”这个词在这里被理解为“非排斥性的”意思，因而“p 或 q”等于“或者 p 或者 q，

17

或 p 与 q 都成立”。显然，如果这种类型的论证的前提是真的，那么结论也必定是真的；因而，特定形式的任何论证都是正确的。但是，单单这一规则使我们能够从任何一个前提推论出无限多的不同结果来。例如，“月球没有大气”，我们可以推论出“月球没有大气或 q”形式的任何陈述，对于其中的“q”，我们可以写成任何无论什么样的陈述，不管它是真还是假；例如“月球的大气很稀薄”，“月球上无人居住”，“金的密度比银大”或“银的密度比金更大”等。（要证明在英语中可以形成无限多的不同陈述是有趣的并且是毫无困难的，而这些陈述的每一个都可以置于变量 q 的位置上。）当然，将其他的演绎推理规则加到各种各样的陈述句上，都可以从一个前提或一组前提中推导出来。因此，如果提供给我们一组陈述作为前提，演绎规则没有给我们的推理程序提供什么指导，它们并没有选择出一个陈述作为从我们的前提中推导出“这个”唯一的结论。同样的，它们也不能告诉我们如何获得有趣的或重要的结论；它们没有提供比如说从给定的公设中推导出重要的数学定理的任何机械程序。重要的富有成效的数学定理的发现，正像在经验科学中重要的富有成效的理论的发现一样，要求有发明的才智，它唤起有想象力和洞察力的猜想。另外，科学的客观性的利益是由要求这种猜测得到客观确认来加以保证的。在数学中，这意味着由公理演绎推导来证明。当一个数学命题作为一种猜测而提出时，它的证明或反证都需要常常是很强的发明能力和独创性，因为演绎推理的规则甚至没有为建构证明或反证提供一般的机械程序。不过它们倒有一个比较稳当的系统的功用，这就是它们提供了衡量证明中论证是否健全的标准：如果一个论证通过一系列推理步骤从公理进到所提出的定理，其中每一步根据演绎推理规则都是有效的，那么这个论证就将形成有效的数学证明。在这种意义上检验某一论证是不是一个有效的证明倒确实是一种纯机械性的工作。

正如我们已经看到的，科学知识不是通过把某种归纳推理程序应用于先前收集的资料而得到的，相反，它们是通过通常所谓的

“假说方法”即通过发明假说作为对所研究问题的试探性解答，然后将这些假说付诸经验而得到的。看看这假说是否在它提出之前已由收集到的任何有关发现所支持，这是检验的一个方面；一个可接受的假说必须符合可得到的有关资料。这种检验的另一个方面，在于从假说中导出新的检验蕴涵，并用适当的观察或实验来检验它们。我们早已指出，甚至得到完全有利结果的广泛的检验也没有结论性地确立一个假说，而只是对它提供某种强度的支持而已。因此，虽然科学研究肯定不是我们已较为详细考察过的狭义的归纳，但可以说是**广义的归纳**，因为它包含假说的接受要根据资料，资料不提供给它在演绎上决定性的证据，而只是提供某种强度的“归纳支持”或确证。任何“归纳规则”，类似演绎规则，必须理解为确证准则，而不是发现的规则。这些规则完全不能产生一个说明一定经验发现的假说，它们预设了形成“归纳论证”的“前提”的经验资料，以及形成它的“结论”的试探性假说，都是被给予的。因此这些归纳规则陈述是论证的健全的标准。按照这些归纳理论，这些规则确定的是资料对假说提供的支持强度，它们可以用概率来表示这种支持。在第 3 章和第 4 章，我们将考察影响科学假说的归纳支持和可接受性的各种因素。

【注释】

[1] 塞美尔怀斯的工作及其遭遇到的困难的故事，构成了医学史上动人的一页。一个详细的说明，包括塞美尔怀斯大部分著作的翻译和重述，见诸辛克莱：《塞美尔怀斯：他的生活和学说》（曼彻斯特：曼彻斯特大学出版社，1909）一书中。本章的简短引述都来自这本书。塞美尔怀斯的生涯中的最精彩的部分，在 P. 德克努伊夫：《与死亡战斗的人们》（纽约：哈克特、布雷斯和沃尔德公司，1932）一书第 1 章中有详细的叙述。

[2] 要详细了解这个问题，参见 W. 沙尔蒙：《逻辑学》，24～25 页。

[3] 参见沙尔蒙：《逻辑学》，27～29 页。

[4] 读者会在 J. B. 科南特的引人入胜的著作《科学与常识》（纽黑文：耶鲁大学出版社，1951）第 4 章中找到这个实例的比较完整的说明，托里拆利关于他的假说和他对假说检验的一封信以及关于实验的见证者的报告都重印于 W. F. 玛吉的《物理学

原始文献》(剑桥：哈佛大学出版社，1963)，70～75 页。

［5］A. B. 沃尔夫：《机能经济学》，见 R. G. 图格韦尔编：《经济学动态》(纽约：阿尔弗雷德·纳普夫公司，1924)，450 页（加着重号字为原书作者所强调）。

［6］W. 惠威尔在他的著作《归纳科学哲学》第 2 版（伦敦：约翰·帕克，1847）中已描述过这种特征，见其第二卷 41 页。惠威尔还说，“发明”是“归纳的一部分”(46 页)。K. 波普尔同样地将科学假说和理论看作“猜测”。例如，在他的《猜想与反驳》一书（纽约和伦敦，1962）中，有《科学：猜想与反驳》一文。实际上，A. B. 沃尔夫（前面引用了他的理想科学程序的狭隘归纳主义的概念）强调，“有限的人类心灵”不得不运用“大大修正了的程序”。它需要科学的想象力和依据某种“工作假说”来选择资料。(引自注 5 的文献，450 页。)

［7］引自凯库勒在 A. 芬德莱的《化学 100 年》(伦敦：杰拉尔德·达沃策斯有限公司，1948）一书中他自己的报告，37 页；W. I. 贝弗里奇：《科学研究的艺术》(伦敦：威廉·海奈门有限公司，1957)，56 页。

第 3 章

假说的检验：它的逻辑及其效力

3.1　实验检验与非实验检验

19

现在，让我们接着对科学检验所赖以建立起来的推理作较为详细的探究；同时让我们研究从那些检验的结果中会得出什么样的结论。和前面一样，我们用“假说”一词指称那些接受检验的任何陈述语句，而不管它旨在描述某种特定的事实或事件还是表述某种一般的规律或其他更为复杂的命题。

让我们从一个简单的表述开始，这一表述我们将在随后的讨论中经常提到。这就是，假说的检验蕴涵通常具有条件性的特征；它们告诉我们在特定的检验条件下，有某种特定的结果出现。陈述这种情况的语句，可以明确地写成下述的条件形式：

(3a)　如果某类条件 C 实现了，则有某类事件 E 出现。

假如，塞美尔怀斯所研究的诸多假说之一，产生这样的检验蕴涵：

假如第一妇产区的产妇依侧卧法分娩，则她们因产褥热导致的死亡率将要降低。

他最后一个假说的检验蕴涵之一是：

如果在第一妇产区里，接触产妇的人员用漂白液洗手，则她们因产褥热导致的死亡率将要降低。

20 类似的，托里拆利假说的检验蕴涵，包含下列的条件陈述：

如果托里拆利的气压计被携带着不断向高处走，则水银柱的高度会相应地下降。

因此，这样的检验蕴涵在双重意义上是蕴涵式：它们是它们所由导出的假说的蕴涵式；另一方面它们具有“如果……则……”的语句形式，它们在逻辑上被称为条件语句或实质蕴涵。

在上述的三例中，每一个给定的检验条件 C 都是在技术上可实现的，因此我们可以随意地将它们付诸实现。而这些条件的实现，包含对某一个因素（如分娩姿势，有无传染性物质，空气中大气压力等）的控制，这些因素，依给定的假说来看，会影响所研究的现象（如在前两例中有关产褥热的出现频率，在第三例中有关水银柱的高度等）。这类检验蕴涵为实验性的检验提供了依据。这样的实验性检验蕴涵要将条件 C 加以实现，然后核对一下，看是否正如假说所蕴涵的那样，有 E 出现。

许多科学的假说都是用定量的语词来表达的。在最简单的情况下，一个定量的变量的值表达为是另一些变量的数学函数。例如经典的气体定律，$V=c\cdot T/P$，将气体的体积表现为温度与压力的函数（c 为常数因子）。这一类陈述可以无限地产生许多定量的检验蕴涵。在我们的例子中，它们具有这样的形式：如果气体的温度为 T_1，并且它的压力为 P_1，则它的体积为 $c\cdot T_1/P_1$。因而一个实验性的检验便这样地组成，即改变“自变量”的值并检查“因变量”的值是否正如这个假说所蕴涵的那样。

当实验控制是不可能的时候，即当检验蕴涵所论及的条件 C 不能用技术手段来加以获得或加以改变的时候，则假说必须用非实验的方法加以检验，寻找或等待自然界实现这些特定条件的情况出现。然后检查 E 是否真的发生了。

有时，人们会说，在一个定量假说的实验性检验中，假说所提到的量，一次只能改变一个，而所有的其他条件都保持不变，这是不可能的。例如，在气体定律的实验性检验中，压力必须改变而温度保持常量或者相反；可是在这过程中，其他的情况也会改变，其中包括相对湿度、照明的亮度，以及实验室的磁场强度，当然此气体与太阳或月亮的距离也是改变着的。如果实验是要检验以上给定的气体定律，则没有理由尽可能地保持这些因素不发生变化。因为这个定律设定了气体的体积完全取决于它的温度和压力。所以它蕴涵着，其他因素就其改变并不影响气体体积而言，是“与体积不相干的”。所以，允许其他这些因素发生变化，也就是探索在广泛的情况下，寻求是否有可能违反被检验的假说。

但是，用于科学中的实验，不仅是一种检验的方法，而且也是一种发现的方法；而在第二种语境里，正如我们现在将要看到的，保持某些因素不变的要求是很重要的。

将实验当作是一种检验方法已由托里拆利和普里哀的实验作了例示。在这里，一种假说已事先提出，而实验是用来检验它的。而在其他的没有特定的假说已被建议的情况下，一个科学家可以从一个粗略的猜测开始，并用实验作为向导来获得比较明确的假说。在研究一根金属线怎样被悬挂在其上的重量所拉长时，他可能猜想，这根金属线的长度的增加，可能取决于这根金属线的初始长度，它的横截面积，它由哪一类金属所做成以及悬于其上的物体的重量。而他可能要做实验来确定这些因素是否影响金属线长度的增加（在这里，实验乃是一种检验的方法），如果确有影响，则它们到底怎样影响这些“因变量”，即这种依赖的特别的数学形式到底是什么（这里实验充当一种发现的方法）。当实验者知道金属线的长度也随温度而改变，他首先要保持温度不变以排除这个因素的干扰（虽然随后他会系统地改变温度来确定在其他因素与金属线长度增加的函数中是否有某种参量值依赖于温度）。在他的常温实验中，他将会改变他认为相关的因素，一次改变一个，而保持其他因素不变。因而在所获得的结果的基础上，他将试探性地进行概括，将长度的增加表达为初始长度、重量等的函数。据此，他可能进一步建构一个更一般的公式，以此说明长度的增加是所有被考察过的变量的函数。

22 因此，在上述将实验看作启发性工具，充当发现假说的向导的这些例子中，除一种因素之外保持其他所有“相关因素”不变的原则是十分重要的。当然，这个时候，我们最多只能办到，除一个之外将其余所有我们自认为会影响我们所研究的现象的“相关”的因素保持恒常：总可能有某些其他重要因素被我们忽略过去了。

自然科学有一个显著的特征，一个重大的方法论优点，就是它的许多假说承诺要接受实验的检验。不过假说的实验性检验并不能说成是所有自然科学并只能是自然科学具有的一个独特性特征。它不能在自然科学与社会科学之间画出一条分界线，因为实验性的检验程序也用于心理学，在较少的程度上，也用于社会学。而且随着所需的技术进步，实验检验的范围稳步地增长。还有，并不是自然科学的所有假说都可以承诺接受实验检验。例如，列菲德和夏普勒所表述的标准造父变星的亮度周期变动的定律，这个定律说明这样一种星体的周期，即两次相继最亮状态之间的时间间隔 P 越长，它的内在的发光能力就越大；用定量的术语来表示，就是：$M=-(a+b\cdot\log P)$，这里 M 是星等，根据定义，它的数值的不同与它的亮度成反比。这个定律演绎地蕴涵任何数目的检验语句，这些语句陈述了如果一个造父变星的周期是多少（例如 5.3 天或 17.5 天），则它的亮度将会是多少。可是具有某种周期的造父变星并不能随意制造出来，因此这个定律不能通过实验来检验。宁可说，天文学家必须在天空中寻找新的造父变星，然后必须确定，它的星等与周期是否适合所假定的定律。

3.2 辅助性假说的作用

我们早就说过，检验蕴涵是从要受检验的假说中“导出”或

“推出”。然而这种说法只是粗略地指示出了假说和充当它的检验蕴涵的语句之间的关系。在某种情况下，充当检验蕴涵的条件语句确能从假说所包含的条件陈述中演绎地推出。例如，我们已经看到列菲德和夏普勒定律演绎地蕴涵了这种形式的语句：“如果恒星 S 是一颗有多少天数的周期的造父变星，则它的星等将会如何如何。”但通常一个检验蕴涵的“导出”并非如此简单确凿的。就拿塞美尔怀斯的假说，即认为产褥热是由传染性物质的感染引起为例，可考虑这样的检验蕴涵：如果接触产妇的人员在漂白液中洗手，则产褥热的死亡率将会下降。这个陈述并不能单从这个假说中演绎地推出。它的推出预设了另外一个前提，即不像肥皂水与纯水，漂白液能破坏传染性物质。这个前提，在上述的从塞美尔怀斯假说导出检验语句的过程中，作为不言而喻的东西暗含于这个论证中，它起着我们称之为**辅助假定**或**辅助假说**的作用。因此，这里我们不能推定，如果假说 H 为真，则检验蕴涵 I 也必为真，而只有 H 与辅助假说两者都为真，则 I 也为真。正如我们将要看到的，在科学假说的检验中，依赖于辅助假说是一种常规而不是一种例外；并且它对于不利的检验的发现，即表明 I 为假时是否会否证所研究的假说具有很重大的影响。

23

如果 H 单独蕴涵 I ，而经验的发现表明 I 为假，则 H 必须也被认为是假的，这可从否定后件推理（2a）中导出。可是，当 I 是从 H 与一个或更多的辅助假说 A 的合取中导出时，则公式（2a）须由下列的一个公式所替代：

（3b）　如果 H 与 A 两者皆真，则 I 亦为真。
　　　　可是（证据表明）I 为非真。

H 与 A 并非两者皆真。

由此，如果检验表明 I 为假，我们只能推出，或者那个假说为假，或者包含于 A 中的某一个辅助假说必定为假；因此，这个检验并不提供驳斥 H 的结论性的根据。例如，如果塞美尔怀斯倡导的消毒方法没有令产褥热死亡率降下来，塞美尔怀斯的假说可能仍然是真的：反面的检验结果可能是由于作为一种消毒剂的漂白粉溶液失效而引起的。

这种情况并非仅仅是抽象可能性而已。天文学家第谷·布拉赫的精细观察提供了开普勒行星运动定律的经验基础，但他拒斥了哥白尼地球绕日运行的概念。他提出的理由之一是，如果哥白尼的假说是真的，则地球上的观察者于一天当中的某个定时所观察到的恒星方位应逐渐发生变化；因为在地球绕日运行一年的旅程中，人们观察该恒星的观测点角度将不断地逐渐改变，犹如坐在旋转木马上的儿童从不同的观测点上观察旁观者的面孔，从而从不断改变的方位看到那人的面孔那样。更精确地说，观察者所观察到的恒星的方位，在对应于地球绕日轨道相反的观测点的两极之间，周期性地发生变化。由这两点对着的角被称为恒星的周年视差。恒星距离地球越远，它的视差就越小。布拉赫是在望远镜发明之前做出他的观察的，他用他最精确的仪器寻找这种恒星视差运动的证据，发现不存在视差。他因而驳斥了地球运动的假说。然而，只有借助于这一辅助假定，恒星距地球足够近，使得它们的视差运动大得足以能用布拉赫的仪器探测出来，恒星显示出的可观察的视差运动才能从哥白尼的假说中推导出来。布拉赫是自觉地做出这个辅助假定的，并且他相信有根据认为这一辅助假定为真；因此他认为有责任来驳斥哥白尼的概念。后来人们发现，恒星确实显示出视差位移，但是布拉赫的辅助假说却是错误的：因为即使距离地球最近的恒星，也要比他所估计的距离遥远得多，并因而视差测量要求高效望远镜和非常精密的技术。直到 1838 年才出现第一次被公认的恒星视差的测量。

辅助假说在检验中的意义还不止于此。假定我们借助于检查一个检验蕴涵“如果 C，则 E”来检验一个假说 H，这个检验蕴涵是从 H 与一组辅助假说 A 导出的。则这个检验最终等于去检验——在一个就研究者所知的条件 C 得到实现的检验情境下——E 是否出现。如果事实上这时 E 没有出现，例如，如果试验设备出了差错或其灵敏度不够，则即使 H 与 A 皆真，而 E 可以不出现。由于这个理由，这个检验所预设的辅助假说的总集合，应包括检验安排满足特定条件 C 这个假定。

当所研究的假说已很好地经受先前的检验，并且它是一个也受到各种其他证据支持的相互有关系的假说的更大系统中的一个本质的部分时，上面的论点特别重要。在这种情况下，人们可能会做出努力，通过说明条件 C 的某些部分在检验中没有得到满足来说明 E 为什么没有出现。

作为一个案例，让我们考察一下电荷具有原子式的结构并且它们都是电性原子，即电子所带电荷的整数倍这个假说。这个假说从 R. A. 密立根 1909 年及稍后所做的实验那里得到了引人注目的支持。在这些实验中，电荷是通过对诸如油或汞的极小的单个液滴微粒在空气中受重力影响而下降或受相反作用的电场影响而上升时的速度测定来确定的。密立根发现，所有这些液滴上所带的电荷值，或者等于某个基本的最小电荷，或者是这基本的最小电荷的不大的整数倍，所以他就把这个基本最小电荷确定为电子电荷。在大量的仔细测量的基础上，他给出了它的值为 4.77×10^{-10} 静电单位。不久，维也纳的物理学家爱伦哈夫特对这个假说提出了质疑，他声称，他重复了密立根的实验，并且发现，液滴所载的电荷比密立根所认定的电子电荷小得多。在对爱伦哈夫特的实验结果的讨论中[1]，密立根提出了若干可能的错误原因（如违反了试验要求），它们也许能够说明爱伦哈夫特表面上相反的实验结果：观察期间的蒸发降低了小液滴的重量；爱伦哈夫特的一些实验中使用的汞滴上生成了一层氧化膜；受到悬浮在空气中的尘埃微粒的干扰影响；小液滴漂移出了用来观察它的望远镜的焦点之外；非常小的小液滴改变了必要的球形形状；在计算微小粒子的运动时间方面存在不可避免的差错。至于另一位用油滴进行实验的研究者所观察到并报告的两种异常的粒子，密立根推断说："那么，对这两种粒子所能做出的唯一解释……是……它们不是油滴球"，而是尘埃微粒。① 密立

25

① 参见密立根：《电子》，169～170 页。

根进一步注意到，更精确地重复他自己所做的实验所取得的结果，与他早些时候所宣布的结果基本上是一致的。在以后的许多年中，爱伦哈夫特一直为他的亚电子电荷的发现辩护并对其作了进一步的阐述；但是，其他的物理学家一般都未能重复得出他的结果，所以电子电荷不可分的概念保留了下来。然而人们后来发现，密立根所确定的电子电荷的数值有点过于小了；有趣的是，这个误差是由于密立根本人的辅助性假说中的一个错误造成的：在评价他的油滴资料时，他所取的空气的黏滞度值太低了。

3.3 判决性检验

前面所说的，对判决性检验这一观念也具有重要意义。判决性检验可以简单地描述如下：设 H_1 和 H_2 都是涉及同一论题的两个竞争着的假说，并且到目前为止它们同样地得到经验检验的有力支持，因此，现有的证据并非有利于它们当中的一个而不利于另一个。如果能确定一次检验，使得对于这个检验 H_1 和 H_2 预测了彼此不相容的结果，即如果对于某个检验条件 C，第一个假说产生检验蕴涵“如果 C，那么 E_1”，而第二个假说产生“如果 C，那么 E_2”，这里 E_1 与 E_2 是互相排斥的，那么就可以在这两者之间作出抉择。从而完成适当的检验，大概就可以驳倒其中的一个假说而支持另一个假说。

26

判决性检验的一个经典案例就是福柯为判定有关光的性质的两个竞争着的概念而进行的实验，其中的一个学说是由惠更斯提出，并由菲涅耳和杨格进一步发展的。这个学说认为，光是在一种横波在弹性的媒质以太中传播。另外一个学说是牛顿的粒子学说，按照这个学说，光乃是高速飞行着的极微小的粒子。这两种概念都承诺这样的结论，光线都符合直线传播的定律、反射定律和折射定律。但波动说进一步导出这样的蕴涵，光在空气中运行比在水中运行得要快，而粒子说却得出相反的结论。1850年，福柯成功地进行了一个实验，将光在空气中的速度和在水中的速度直接进行比较。他分别用穿过空气的光线和穿过水中的光线做出两个射光点的映象，并让它们在一个快速旋转的镜面上进行反射，假如光线穿过空气的速度比穿过水中的速度大，则前者的光源映象发生于后者的光源映象的右边，反之则发生于后者的左边。用这个实验来检验的相互抵触的检验蕴涵可以简述为："如果做了福柯实验，则第一个映象就会出现在第二个映象的右边"；"如果做了福柯实验，则第一个映象就会出现在第二个映象的左边"。福柯实验表明，第一个检验蕴涵是真的。

这个结果普遍地被认为是对光的微粒说的确定性的驳斥和对波动说的决定性的辩明。这个评价虽然很自然，但对检验的效力估计过高了。因为光在水中要比在空气中运行得快这一陈述，并不是简单地从光线是粒子流这样的一般概念中推导出来的；对于产生任何具体的定量结论来说，单是这个假定就未免太不确定了。前述的诸如反射定律和折射定律这样的蕴涵以及有关光线在空气中和在水中的速度这样的陈述，只有当这个一般粒子概念补充上有关粒子运动，以及由周围媒质施加于它们的影响的具体假定时才能推演出来。牛顿曾详细说明了这些假定，并且当他这样做时，他进一步建立了有关光的传播的明确的理论。[2] 正是这些基本理论原理的整个集合导致了诸如福柯所检核的那种在实验上可检验的结论。类似的，波动说被建构成为一种理论是建立在关于以太波在不同光学媒质中传播的一组特别假定的基础上的，而且正是这组理论原理才蕴涵着反射定律和折射定律以及有关光线在空气中的速度大于在水中的速度这样的陈述。假定我们认为所有其他辅助假说为真，结果福柯实验也只能使我们推出，粒子论的基本假定，或基本原理并不全是真的，至少其中有一个是错误的，但它并不告诉我们其中哪一个应该放弃。所以，它留下了这种可能性，即在光的传播中起作用的粒状抛射体的一般概念可以以某种修正的形式保存下来。这种修正

27

形式可以用一组不同的基本定律来表征。

事实上，1905 年爱因斯坦的确提出了后来被称为光量子论或光子论的粒子说的修正形式。用来支持他的理论的证据中就包括 1903 年完成的勒纳德的一项实验。爱因斯坦称这项实验为有关波动说与微粒说的“第二个判决实验”。他还指出，这项实验“排除了”经典的波动理论，这个理论所构造的有关以太弹性振动的概念已为麦克斯韦和赫兹提出的横向电磁波的观念所取代。包括了光电效应的勒纳德实验可以被看作用以检验涉及光能的相互冲突的两个蕴涵：有关在某一固定的单位时间里，一个射线点 P 对于它射到一块与光线垂直的小屏幕上时所能发送的是什么样的光能。按照经典的波动理论，随着屏幕从 P 点移开，能量将逐渐地、连续地减少到零。而根据光子理论，能量至少必定会由单个光子来携带，除非在给定的时间间隔里，没有任何光子碰击在小屏幕上。在这种情况下，被接受的能量值为零，所以并不存在能量减少到零的情况。勒纳德的实验支持了后面的情况。但同样，波动说并没有决定性地被驳倒，这个实验结果只表明在波动说的基本假定中需要作某种修改。事实上，爱因斯坦致力于对经典的理论做出尽可能小的修改。[3] 总之，这里所说明的实验不能严格地拒斥两个竞争着的假说中的一个。

同时，它也不能“证明”或决定性地确立两个假说中的另一个；正如我在 2.2 节中通常已经指出的，科学假说或理论不能结论性地为任何一组有效的资料数据所证明，而不论这组资料数据有多么精确和广泛。这件事对于断言或蕴涵一般规律的假说或理论来说更加明显，不管这些一般规律是有关某种不可直接观察的过程，如有关光的两个相竞争理论的情况那样，还是有关比较容易加以观察和测量的现象，如自由落体那样，都是如此。例如，伽利略定律所指称的是过去、现在和未来的所有自由落体的情况，而任何时刻我们所获得的有关证据只能覆盖一组相对少的例子，所有这些例子都是属于过去的，我们对此已做过精细的测量。即使伽利略定律在所

28

有观察过的例子里，都严格地被认为满意，这显然也不能预先排除这种可能性：在过去和未来有些未经观察到的情况会不符合于伽利略定律。总之，即使最细心和最广泛的检验也不能否证两个假说之一或证明其中的另一个。因此，严格地说来，在科学中判决性实验是不可能的。[4] 但一个实验，如福柯实验或勒纳德实验，在不太严格的、实践的意义上来说，可以看作判决性实验：它可以用来展示出两个相互冲突的理论中某一个是严重的不适当，而它的对手却得到强烈的支持。结果，它对于后来的理论和实验的方向施加一种决定性的影响。

3.4　特设性假说

如果一个用来检验假说 H 的特殊方法预设了辅助假定 A_1，A_2，…，A_n，这就是说，如果这些假定被用于从 H 中导出相关的检验蕴涵 I 的附加前提，则如我们在前面已经说过的，一个表明 I 为假的否定的检验结果只能告诉我们 H 或这些辅助假定之一必定是假的，而如果这个检验结果安置妥当的话，则在这组语句中必须在某个地方进行修改。我们必须通过修正或完全放弃 H，或者通过改变辅助假定的系统来作出适当的调整。原则上，如果我们愿意在辅助假定中做出极为根本性以及也许十分累赘的修改，则总可保留 H，甚至在极为不利的检验结果面前也可以这样做。但科学对于不计任何代价来保护它的假说和理论不感兴趣，这样做是有很好的理由的。试考察一个例子，在托里拆利引进他的气海压力概念之前，抽水泵用“自然界厌恶真空”这一观念来解释，以为这里因为水涌上泵筒来填补因活塞上升而造成的真空。同样的观念也用于解释若干种其他现象。当帕斯卡写信给普里哀请求他去做普夷迪-多姆山的实验时，帕斯卡认定的结果会对自然界厌恶真空的概念做出“决定性”的反驳。他论证道：“如果水银的高度在山顶上比在山脚下

29

短……则必然得出结论，空气的重量与压力是水银悬浮的唯一原因，而不是因为对真空的厌恶。因为人们总不能说自然厌恶真空的程度在山脚下比在山顶上更厉害。”[5] 不过上述这段话的最后一句评语，实际上指出了一种方式，可以在普里哀的发现面前来解救自然界厌恶真空的观念。只有在自然厌恶真空的强度不依它的位置而变化的辅助假定的前提下，普里哀的实验结果才是反驳厌恶真空论的决定性证据。为了使普里哀的明显的不利证据与厌恶真空论协调起来，只需另行辅助假定，指明自然界厌恶真空的程度随着高度的增加而减弱即可。不过，虽然说这个假定并非在逻辑上荒谬或显然为假，但从科学的观点上看却可以加以反对。因为它引进了一个**特设性假说**，即它的唯一目的就是为了解救一个受到不利证据严重威胁的假说，它不要求其他发现，并大体上说来，它并不导致任何附加的检验蕴涵。而另一方面，气压的假说却引导出进一步的蕴涵。例如，帕斯卡指出，一个略为充气的气球被带上山，在山顶上它会胀得更大。

大约在 17 世纪中叶，一群物理学家，即所谓反真空论者，认为自然界不存在真空，而为了在托里拆利的实验面前解救这个观念，其中一人提出了这种**特设性假说**：气压计的水银是由一根看不见的“细丝”线来定位的，这根线由玻璃内壁顶端将水银悬挂着。按照一个由 18 世纪早期发展起来的原先是很有用的理论，金属的燃烧包含了一种被称为燃素的物质放逸出来。这个概念由于拉瓦锡的实验工作最终被放弃了。拉瓦锡指明，燃烧过程的产物比原初的金属的重量还要大。但某些燃素说的顽固信徒试图使他们的理论与拉瓦锡发现协调起来，提出了一个特设性假说，说燃素具有负的重量，当它逸出后，就使得残余物增加重量。

然而，我们应该记住，从后见之明来看，把过去的某些科学上的意见作为特设性假说来加以摒弃似乎是很容易的，可是对一个现代提出的假说作出判断却是相当困难的。事实上，对特设性假说并没有一个精确的标准，不过上面我们提到的问题提供了某些导引：

我们可以问，提出的假说是否只是为了挽救一些流行的概念不受不利证据的影响呢？或者它还解释了别的现象？它引出了更有意义的检验蕴涵了吗？另外还有一个进一步相关的值得考虑的问题是：如果为了使某种基本概念与可得到的新证据协调起来，不得不引进越来越多的有资格的假说，结果整个系统最终会变得如此复杂，以至于当有人提出一个替代性的简单概念时，它就只好放弃了。

3.5　原则上的可检验性和经验含义

正如以上的讨论所指出的那样，一个陈述或一组陈述，除非它至少“在原则上”经得起客观的经验的检验，否则就不能有意义地被建议为是一种科学的假说或理论。这就是说，必须有可能，在我们已经讨论过的广泛的意义上，导出某种这样形式的检验蕴涵：“如果检验条件 C 得以实现，则结果 E 将会出现”；可是这样的检验条件，不一定在 T 被提出或被设想时被实现或在技术上可能被实现。举一个这样的假说为例：一个物体在接近月球从静止状态中自由降落，在 t 秒内所下降的距离 $s=2.7t^2$ 英尺。这一假说演绎地产生了一组检验蕴涵，该物体在1，2，3，…秒内所走过的距离为2.7，10.8，24.3，…英尺。因此这个假说在原则上是可检验的，虽然现时我们还不可能进行这里所标示的检验。

但是，如果一个陈述或一组陈述并非至少在原则上可检验，这就是说，它完全没有检验蕴涵，则它就不能作为科学假说或理论有意义地被提出或被接受。因为没有任何可以设想的经验发现能与之相符合或与之相冲突。在这种情况下，它对于任何经验的现象都毫无所述，或如我们所说的，它缺乏**经验的含义**。例如，设想一下这样一种观念，物理物体之间的引力相互吸引是与爱紧密相关的某种“欲念或自然倾向”的表现，这种爱内在于这些物体之中使它们的“自然的运动成为可理解的和可能的”[6]。从这种引力现象的诠释中有什么检验蕴涵可以被推导出来呢？试想一下，在我们熟悉的意义上，爱的特征方面，这个观点看来蕴涵着引力的亲合应该是一种选择性的现象，并不是任何两个物理物体都可以相互吸引的。并且一个物体对第二个物体的亲合强度也不会等于第二个物体对第一个物体亲合的强度，而且它也不会有意义地依赖于物体的质量和它们之间的距离。但由于刚才提到的这些结论都是假的，所以我们刚才考虑的这个概念明显地并不包含这样的意思。而事实上，这个概念仅仅宣称在引力吸引背后的自然亲合与爱相关。但正如我们现已清楚的，这个断言是如此难以捉摸，以至于它不能导出任何检验蕴涵。没有任何类型的特别的经验发现要求这种诠释，没有任何可设想的观察的和实验的数据可以符合它或不符合它；特别是，因而它没有与引力相关的检验蕴涵；结果，它不可能解释这些现象或使它们成为“可理解的”。为了进一步说明这个问题，让我们假定，有人提出这样一个替代性假说，说物理物体相互引力吸引和倾向于相对着运动是由于与恨相关的自然倾向引起的，它是由物理物体相互撞击和相互毁坏的自然倾向所生。在这些相互的观点之间，有什么可以想象的方法来作出判决呢？显然没有。它们都没有产生可检验的蕴涵，要对它们进行经验辨别是不可能的。不是因为对于科学决定来说这个问题“太高深”，而是因为这两个文字上冲突的诠释完全没有断言什么，因此，这个问题无论真假都无意义，这就是为什么科学探索不可能在它们之间作出裁决。它们是伪假说：只是表面上是个假说。

不过应该记住，科学假说只当它们与适当的辅导假定相结合时才正常地产生检验蕴涵，因而托里拆利的由气海施加压力的概念，只有在假定气压也像水压一样受某种类似的规律支配时，才能产生确定的检验蕴涵，这个假定暗含于普夷迪-多姆山的实验中。因而，在判定一个被提出的假说是否有经验含义时，我们必须自问，在给定的语境中，有哪些辅助假说已被明确地或暗含地预设了，而给定的假说是否与后者相结合时产生检验蕴涵（而不是单单从辅助假定中导出这个检验蕴涵）。

不仅如此，一个科学概念常常是在初始形式上被引导出来的，它只为检验提供有限的和单薄的可能性；在这样的初始检验的基础上，它会逐步地提供更加确定、更加精确和更加多样的可检验形式。

由于这些理由以及某些别的使我们离题太远的理由[7]，不可能在原则上可检验的假说和理论与原则上不可检验的假说和理论之间画出一条明确的分界线。不过，尽管有某种含糊，这里所指的区别对于评价所提出的假说的意义及其潜在解释力是很重要的和很有启发性的。

32

【注释】

[1] 参见密立根的《电子》（芝加哥：芝加哥大学出版社，1917）一书第8章。该书于1963年重印时，附有J. W. M. 杜蒙写的导言。

[2] 关于理论的这种形式与功能将在第6章中进一步进行考察。

[3] P. 弗朗克在他的《科学哲学》[新泽西英格尔沃德·克利夫斯（Englewood Cliffs)：普伦蒂斯·霍尔·斯佩克特伦书局，1962] 第8章对这个案例作了很详细的讨论。

[4] 这是法国物理学家和科学史家皮埃尔·迪昂的著名见解。参见他的著作《物理学理论的目的和结构》第2篇第4章，P. P. 维纳译（普林斯顿：普林斯顿大学出版社，1954），该书最初出版于1905年。在英译本的序言中，路易斯·德布罗意对这一观点作了有趣的评论。

[5] 引自帕斯卡1647年11月15日的信。见I. H. B. 斯比尔斯和A. G. H. 斯比尔斯所译的《帕斯卡物理学论集》（纽约：哥伦比亚大学出版社，1937），101页。

[6] 这种观点，在例如J. F. 奥布伦所著的《作为统一原理的引力与爱》（见《托马斯主义者》，第21卷，184～193页，1958）中有进一步的论述。

[7] 在本丛书的另一卷，威廉·奥斯顿所著的《语言哲学》一书第4章中，对这个问题作了进一步的讨论。更详细的技术性的论述，在亨普尔《科学解释面面观》（纽约：自由出版社，1965）中的《认知意义的经验主义标准：问题和变化》一文中可以找到。

第 4 章

确证和可接受性的标准

33　　正如我们已经知道的，甚至一个极为广泛和精确的检验的有利结果，都不能对一个假说提供结论性的证明，而只是对它做出或多或少的强烈证据支持或确证。一组给定的证据对于一个假说到底强烈支持到一个什么样的程度，视证据的各种特征而定，我们马上就来研究这个问题。在评定所谓一个假说在科学上的可接受性或可信赖性时，有一个最为重要的因素须加考虑，这就是可获得的相关证据的广度和特征，以及它对假说的支持强度。但其他几个因素也必须加以考虑，这些也将在本章中加以概述。我们将首先以某种直觉的方式谈及证据支持的强度，确证增加的大小，以及一个假说可信赖性增减的因素，等等。在本章的末尾，我们将要讨论在此指涉的这些概念是否能做出定量的建构。

4.1　支持证据的数量、种类和多样性

在没有不利证据出现的情况下，一个假说的确证程度常被认为是随着有利检验发现的数量增加而增加。例如，每一个其周期和亮度被发现为符合勒威特-夏普勒定律的造父变星都被认为是增加了对这个定律的支持。但大体上说来，由一个新有利实例招致的确证程度的增加，随着先前确立的有利实例的增加而变小。如果业已获

34

得能成千上万的确证实例，多增加一个有利的发现将会增加确证，但增加得很小很小。

不过这个评论须加以限制。如果早先的实例都是从同一类的检验中得到，而新的发现都是不同类型的检验结果，则这个假说的确证会有显著的加强。对于假说的确证，不仅依赖于可获得的有效证据的数量，而且也依赖于它的多样性：证据的多样性愈多，它给出的支持愈强。

例如，假定我们所研究的假说是斯奈耳定律，它说的是，光线斜向射入，从一种光介质到另一种光介质，在界面上以这种方式进行折射，其入射角与折射角的正弦比 $\sin\alpha/\sin\beta$ 对于任何两个介质来说，恒为常数。现在比较三组检验，每组进行 100 次，在第一组检验中，介质和入射角都保持不变：在每次实验中，光线以 30°入射角从空气进入水中，测定其折射角。设在所有情况下，$\sin\alpha/\sin\beta$ 都有同一数值。在第二组中，介质保持不变，但角度 α 是改变的，光线以不同的角度从空气进入水中，测量 β。假定在所有的场合里，$\sin\alpha/\sin\beta$ 都有同一数值。在第三组检验中，介质和 α 角都发生变化：检验 25 对不同的介质，每一对用 4 种不同的 α 角进行检验。设对于每一对介质来说，$\sin\alpha/\sin\beta$ 的四种比值都是相同的而不同的介质对的相关比值则有不同的数值。

由于发现相关于任何特别介质对的这种比例皆相同，这正如斯奈耳定律所缊涵的那样，因此每一组检验都呈现一类有利的结果。但第三组提供了肯定实例的最大的多样性，所以这一组被认为对于这个定律提供的支持比第二组要强，因为后者只提供了比较有限的多样性的支持实例；至于第一组，人们会同意，它对于这个一般定律提供了更小强度的支持。事实上，对于第一组，人们或许可以认为，那只是同样实验的不断的重复，在全部 100 个实例的肯定结果所能给予这个假说的支持，其强度不会超过这组的头两个检验。这两个检验证实这种比例为常数。不过这一想法是错误的。这里所重复 100 次的并不是同样的实验，因为这些相继的实验在许多方面是不相同的，例如实验装置与月球之间的距离不相同，也许光源的温度不相同，大气压力不相同，等等。所谓“保持相同”的东西只是某一组条件，包括固定的入射角以及某一特定的介质对。而即使头35 两次实验或更多的测量，都在这些环境下产生了 $\sin\alpha/\sin\beta$ 的同样数值，不过在逻辑上讲，在这些特别环境下进行的相继的检验可以产生这种比例的不同的数值。因此，即使在这里带有利结果的重复检验也增加了这个假说的确证度，虽然增加的程度要比覆盖广泛多样性实例的检验带来的确证度要小一些。

我们可能还记起，塞美尔怀斯能够举出相当多样的事实来为他的最后假说提供证据支持。科学理论通常能得到极为多样的经验发现的支持。例如，牛顿的引力理论和运动理论蕴涵着自由落体定律，单摆定律，月球绕地球运动，以及各行星绕日运动的定律，彗星和人造卫星沿轨道运行定律，双星互绕定律和潮汐现象定律，等等。所有这些支持上述各种定律的实验发现和观察发现都支持牛顿理论。

为什么证据的多样性对假说的确证是如此重要的一个因素呢？其理由可以用我们有关斯奈耳定律的多样性检验为例作出一种提示。受检验的假说——让我们简称它为 S——涉及所有的光线介质对，并断言对于任何一对介质，对于所有的入射角和折射角，$\sin\alpha/\sin\beta$ 都有同样的比值。现在，一组实验覆盖的多样可能性的范围愈广泛，如果 S 是假的，则不利实例的发现的机会就愈大。因此，第一组实验可以说成是检验比较特殊的一个假说 S_1，它只表达斯奈耳定律的一小部分，即当光介质是空气与水以及 α 为 30°时，$\sin\alpha/\sin\beta$ 有同样的数值。因此，如果 S_1 为真，而 S 本为假时，则第一组实验永远无法将它揭露出来。类似的，第二组实验检验 S_2，它所断言的东西明显地要比 S_1 多，不过仍不及 S 所断言的多。它所断言的是对于所有的角度 α 以及与此相联系的角度 β，如果介质包含空气与水，则 $\sin\alpha/\sin\beta$ 有同样的值。因此，如果 S_2 为真，而 S 本为假时，则第二组实验永远无法将它揭露出来。所以，第三组实验可以说比起其他两组实验更完全地检验了斯奈耳定律；完全有利的结果相应地对它提供了较强的支持。

作为补充说明多样性证据的效力，我们将会注意到，通过改变光介质的温度，或改用不同波长的单色光使证据的多样性进一步增加时，则发现上面引述的经典形式的斯奈耳定律实际上是假的。

但我们是否将多样性证据的情况过分夸大了呢？毕竟有些增加多样性的方式被看作无意义的，是不能增加假说的确证的。这个断语可用下面的例子来说明：如果在我们检验斯奈耳定律的第一组实验中，通过在不同的地方，不同的月相或由不同的眼睛颜色的实验者来做实验来增加多样性，这是没有意义的。不过，如果我们对于什么因素会影响光学现象毫无知识或只有很有限的知识，则尝试这种多样性也不是毫无理由的。例如，在普夷迪-多姆山实验时代，实验者对于除了海拔高度之外，有什么其他因素可能影响气压计中水银柱的长度没有任何确定的观念；当帕斯卡的姐夫及其助手在山顶上做完托里拆利实验并发现水银柱比在山脚下短了三英寸多时，他们决定在当时当地用各种方式改变环境来重复这个实验。正如普里哀在他的报告中所说的："因此我又重做了同样的实验五次之多，以极高的精确性，在山顶上的不同地方，一次在山顶上的小教堂里，一次在室外，一次在掩蔽室里，一次在风中，一次在好天气时，一次在雨中，毛毛细雨向我们袭来。每次都小心地将管中的空气排走，每次都发现同样的水银柱高度……这些结果完全令我们满意。"[1]

36

因此，认为使某种证据变化的方式是重要的，而将其他方式看作无意义的，这是基于我们所持的背景假定而来的。这些假定可能来自先前研究的结果，它指的是有关被改变的因素对于与假说相关的现象可能发生的影响。

有时，当这样的背景假定被质疑，而依之引进的实验变化按一般被接受的观点被认为是无意义的，但其结果可能是一种革命的发现。这可由新近推翻一个物理学的基本背景假定，即宇称原理那里得到说明。按照这个原理，自然规律是左右对称的；如果某一类物理过程是可能的（即如果它的出现不被自然规律所排除），则它的镜像（在反射镜中看到的过程）也应如此，在这里左与右是可以相互交换的。1956年杨振宁与李政道，他们试图说明有关基本粒子的某些迷惑不解的实验发现，提出宇称原理在某种情况下被违反；他们的大胆假说不久得到了明确的实验确证。

有时，通过增加某一检验所包含的观察与测量的精确性，这个检验可以做得更加严格，其结果更有分量。例如，将惯性质量与引力质量加以等同的假说，得到了例如不同化学组成的物体在自由下落时表明的加速度相同这一事实的支持。它最近用非常精确的方法重新被检查过，其结果迄今仍支持这个假说，这就大大加强了它的确证程度。

4.2 借助“新”检验蕴涵所做的确证

当一个假说被设计出来解释某种观察现象时，它当然可这样地被建构，使之蕴涵这种现象的出现；因此，被解释的事实就成为这个假说的确证证据。但是要作为一个科学的假说，很需要它也为“新”证据所确证，即由这样的事实来确证，当这个假说被表达之时，它还没有被人知道，或未被视作当然的事。许多自然科学的假说与理论确是受到“新”现象支持的，其结果是它们的确证大大地被加强了。

这一点可由19世纪末的一个案例加以说明。当时物理学家致力于研究在气体光谱发射和吸收时被发现的大量谱线的内在规则性。1885年，瑞士一个中学教师J.J.巴尔末提出一个公式，他认为这个公式可以表示氢的发射光谱中一系列谱线波长的这种规则性。在安斯特朗对氢元素光谱中四条谱线的测量基础上，巴尔末构造了如下的一般公式：

$$\lambda = b\frac{n^2}{n^2 - 2^2}$$

这里 b 是常数，它的值由巴尔末经验地确定为 3 645.6Å，n 是大于 2 的整数。对于 $n=3$，4，5 或 6，这个公式得出的值很好地符合安斯特朗所测量的值。但巴尔末确信其他一些值也表示在氢光谱中仍未测量或甚至还未发现的谱线波长。他当时并不知道某些其他的谱线已被人们注意并进行了测量。到目前为止，在所谓巴尔末氢（光谱线）系列中已有 35 条连续谱线已被确定，并且它们的波长都与巴尔末公式所预言的值符合得很好。[2]

这种通过相应预测到的新事实而得到的惊人的确证，大大地加强了我们对这一假说的信任，这是不足为奇的。在这个背景里，有一个令人疑惑的问题产生了。假定巴尔末公式只是在现已记录于已仔细被测量了的序列中的 35 条谱线之后才建构的，则在这种虚构的情况下，所获得的经验发现和实际情况所获得的经验发现一样多。这些经验发现一部分是在建构公式之前，大部分是在建构公式之后通过测量获得的。难道这个公式在虚拟的情况下得到的确证会被认为比实际情况下得到的确证少一些吗？基于如下理由，作出肯定的回答看来是合理的：对于任意给定的一组定量资料来说，总是可能建构一个假说来覆盖它，正如对于任意的有限个点的集合，总是可能画出一条平滑的曲线来通过它们。因而在我们虚构的情况下，建构出一个巴尔末公式，并不会令人感到惊奇。值得注意的并给假说以分量的是，它适合“新”的情况：在真实的情况下，巴尔末的假说赢得了这项成就，而在虚拟的情况下却没有。但是这一论证可能遭遇到一种状况，甚至在虚构的情况下，巴尔末公式并不仅是像凑合起来以符合 35 种已测量过的波长的其他任意假说而已，它是一种具有惊人的形式上简单的假说。单就它能将 35 种波长纳入一个在数学上这么简单的公式这一点来说，已经足以令这个假说比起那些也适合同样的资料却极为复杂的公式，有高得多的可信赖性。用几何的术语来陈述这个思想，这就是说：如果一组描述测量

38

结果的点能被一条简单的曲线连接起来，那么，比起在该曲线很复杂且显示不出明显规律性的情况下，我们有更大的信心相信我们已经发现了其背后的普遍规律（关于简单性这一概念，我们将在本章后面作较详细的讨论）。另外，从逻辑的观点看，一个假说从给定的一组资料中接收到的支持的强度应该依赖于这个假说断言的是什么以及资料数据是什么。至于假说与资料数据谁先谁后的问题，作为一个纯粹历史的事实，不应认为对假说的确证发生什么影响。后面这个概念确实蕴涵于新近发展起来的有关检验的统计理论中，也内含于有关确证与归纳的某种现代的逻辑分析中。本章最后部分将对此作出简要的讨论。

4.3 理论的支持

可以宣称为对假说的支持的，不必都是我们迄今已讨论过的归纳证据类的支持，即不必全部地或甚至部分地都由这样的资料所组成，这些资料支持着由该假说导出的检验蕴涵。支持也可以“来自上面”，即来自包含这些特定假说并有独立的证据支持的更广的假说和理论。举例说明这个问题，我们前面考察过的月球上的自由落 39 体的假设定律 $S=2.7t^2$。虽然迄今未被在月球上的实验核验过的检验蕴涵，但它却有有力的**理论支持**，因为它可以从牛顿的引力理论、运动理论（它强烈地得到极为多样性的证据所支持）和月球的一些信息的合取中演绎地推出。这些信息是，月球的半径和质量是地球的半径和质量的 0.272 倍和 0.012 3 倍以及靠近地球表面的引力加速度是每秒每秒 32.2 英尺。

类似的，一个有了归纳证据支持的假说的确证，如果加上它得到从上面来的演绎支持，就会进一步得到加强。例如巴尔末公式就是这样。巴尔末曾预言了这样的可能性，即氢光谱可能进一步包含更多的谱线，所有这些谱线的波长将与他的更普遍的公式相符合，即：

$$\lambda = b\frac{n^2}{n^2 - m^2}$$

这里 m 是正整数，n 是大于 m 的任意正整数。对于 $m=2$，这个普遍式得出巴尔末公式；而 $m=1$，3，4，…决定了新的谱线系列。实际上，存在着与 $m=1$，3，4，5 相对应的系列后来已由实验测得的氢光谱的不可见的红外线和紫外线部分所确认。因此，对于蕴涵了巴尔末公式作为它的一个特例，并给它提供演绎支持的更加普遍的假说，有了强烈的证据支持。1913 年，当玻尔指出，这个普遍的公式——也包括巴尔末的原初的公式在内——可以从他的氢原子理论中推演出来，这个公式就得到一个理论的支持。这种推导，通过将巴尔末的公式置于普朗克、爱因斯坦和玻尔提出的量子理论概念的脉络中而极大地加强了对这个公式的支持，而量子论概念得到了除巴尔末公式提供归纳支持的光谱学测量之外的多样证据的支持。[3]

与此相关的，如果一个假说与当时很好地被确证过的假说或理论相冲突，则它的可依赖程度会受到不利的影响。在 1877 年《纽约医学档案》中，艾奥瓦州医生卡德威尔在报告一个他宣称自己目睹的掘坟事件时，断言一个刮剃干净被埋葬的尸体，其头发与胡须竟然穿过棺材从裂缝中生长出来。[4] 虽然这件事由假定的目击者提供出来，但这个陈述会被人毫不迟疑地加以拒斥，因为它与已得到充分确认的关于人死后头发继续生长的长度的发现相冲突。 *40*

类似的，我们上面有关埃伦哈夫特断言有实验证实存在着亚电子电荷的讨论也说明这一点：与一个得到广泛支持的理论相冲突，妨碍这个假说的接受。

但是，这里所说的原则的应用必须慎重并受限制。否则它可以用来捍卫任何已被接受的理论使之免受推翻。相反的发现总可以看作与很好地建立起来的理论相冲突而加以放弃。当然，科学并不追随这种程序行事；它对于保卫心爱的概念反对所有可能的反面证据并无兴趣。相反，科学的目标本来就是要获得广阔的健全的经验知识，用一个很好地被确证的经验陈述的系统将它表达出来，并随时准备被放弃或修正原来无论什么样的原先已被接受的假说。但是要驱逐一个很好建立起来的理论，这些发现就必须有分量；特别是，那些反面的实验结果，必须能够重复。甚至当一个强大的以及有用的理论已被发现与一种实验的可重复的"效应"相冲突时，它仍然可以在那些预料并不会导致什么困难的脉络里继续运用。例如，爱因斯坦提出光量子理论来说明诸如光电效应现象，但他注意到在处理光的反射、折射和偏振时，电磁波理论也许并不会被代替；而实际上在这个脉络中它一直被应用。一个在许多领域取得成功的大范围理论，通常仅当有一个更令人满意的替代性理论时，才会被放弃，而好的理论是很难得到的。[5]

4.4　简单性

影响假说可接受性的另一个因素，就是它的简单性，这是与说明同一现象的替代性假说相比较而言的简单性。

考虑一个有关公式的例子。设对一定类型的物理系统（造父变星，弹性金属弹簧，黏滞性液体等）的研究向我们提出了该系统的某个数量特征 V，它是另一个特征 u 的函数（如摆的周期是它的长度的函数），并因而唯一由它决定。因此，我们试图建构一个以精确的函数数学形式陈述的假说。我们已经可以检查许多实例，其中 u 有一个值 0，1，2 或 3，相联系的有规则地相对着的 V 值分别为 2，3，4 或 5。进一步假定，对于这些系统，我们没有有关函数关系可能形式的背景知识，在我们的数据基础上，我们提出下列三个假说：

41

$$H_1: V=u^4-6u^3+11u^2-5u+2$$

$$H_2: V=u^5-4u^4-u^3+16u^2-11u+2$$

$H_3: V = u + 2$

每一个假说都符合数据。这就是说，对于受核检的四个 u 值中的每一个，每一个假说都准确地分配给与它相联系的 u 值。用几何的术语说，如果这三个假说都在平面坐标系上加以图示，则每一条由此得出的曲线都包含这四个数据点（0，2），（1，3），（2，4）和（3，5）。

正如我们已经假定的，我们没有任何相关的背景信息可以提示不同的选择，我们无疑会依据它比其对手来说是较简单的假说而赞成 H_3 胜过 H_1 和 H_2。这种考虑显示了，如果两个假说都说明同样的资料而关于确证在其他方面没有什么不同，则其较简单者更可接受。

同样的基本思想对于整个理论的关系，常用哥白尼的太阳系的日心概念来加以说明。哥白尼的日心说比由它所取代的地心说简单得多。地心说是托勒密的精巧而准确的构想，却是“极为复杂的主圆、次圆系统，具有不同的半径、速度、斜度以及不同数量和不同方向的偏心率”[6]。

虽然无可否认，在科学中对简单性评价很高，但要在有关意义上说明简单性的明确标准以及辨明为什么偏好比较简单的假说与理论就不是一件容易的事。

当然，任何简单性的标准都应该是客观的，它不能只诉诸直觉或假说和理论易于被人理解和记忆之类，因为这些因素是因人而异的。在像 H_1，H_2，H_3 这种定量假说的情况下，人们可以想象通过与之相对应的图来判明其简单性。在直角坐标里，H_3 的图是直线而 H_1 与 H_2 的图是通过这四个资料点的比较复杂的曲线。但这个标准看来是任意的。因为如果这些假说用极坐标表示，其中 u 为向角，V 为矢径，则 H_3 决定一条螺旋线，而决定一条“简单的”直线的函数将会是非常复杂的。 42

如我们的例子中一样，当所有的函数都用多项式表示时，多项式的阶可以起到复杂性指标的作用；因而 H_2 比 H_1 复杂，而 H_1

又比 H_3 复杂，但当考虑到三角函数与其他函数时，就需要有其他的标准。

在理论的情况下，独立的**基本假定**有时被提议为复杂性的指示器。但假定可以以许多方式加以结合与分离，不存在有计算它们的明确方法。例如，对于任意两点，只有一条直线通过它们这个精确的陈述，可以算作表达两个假定而不是一个假定：至少存在着一条直线和至多存在着一条直线。即使我们同意这种计算，不同的基本假定可以在复杂性上有所不同。这就需要对它们进行权衡而不是计数。类似的评论也适用于将理论的基本概念的数目用作复杂性的指标。简单性标准问题近年得到逻辑学家和哲学家很好的关注，并已获得一些有趣的结果，但并未获得令人满意的有关简单性的一般特征。但正如我们的这些例子所提示的，肯定有这样的情况，甚至在缺乏明确标准的情况下，关于两个竞争着的假说或理论哪一个简单的问题，研究者会在实质上取得一致的意见。

有关简单性的另一个引发人们兴趣的问题，就是为简单性辩护的问题：我们有什么理由要遵循我们所称之为的**简单性原则**？这就是说，为什么我们认为，两个竞争着的假说或理论有同样的确证时，我们要选择其简单者，把它看作更可接受的呢？

许多大科学家都表达了这样一种信念，自然界的基本规律是简单的。假如我们知道这一点，则我们确实能够推定，两个竞争着的假说中的较简单者较可能为真。不过自然界的基本规律是简单的这个假定确实至少与简单性原则是否健全同样有问题，因而不能为后者作辩护。

有些自然科学家和哲学家，如马赫、阿芬那留斯、奥斯特瓦尔德和皮尔逊等人坚持认为，科学寻求给世界以一个经济和节约的描述，而旨在将自然规律表达成为一般假说是思维经济的权宜手段，服务于将无限数目的特别情况（例如许许多多的自由落体）压缩为一个简单的公式（例如伽利略定律）；而从这个观点出发，从诸多竞争着的假说中采取最简单者看来是完全合理的。如果是在我们必须对一个以及同一组的事实的不同描述进行选择时，这个论证是令人信服的；不过在几种竞争着的假说之间，例如上面所说的 H_1，H_2，H_3 之间采取一个的时候，我们也就采取了这样的预测，它蕴涵着有关的尚未检验的情况。而在这一方面，这些假说是很不相同的。例如，对于 $u=4$，H_1，H_2 与 H_3 分别预言的值 V 为 150，30 和 6。现在，H_3 可以说在数学上比它的竞争者更简单，可是我们有什么理由认为它更可能为真呢？我们有什么理由期望有关 $u=4$ 的未被检验的情况是由 H_3 得到而不是由同样精确符合给定资料的其他某一个竞争者的假说得到？

赖辛巴赫对这个问题给出了一个有趣的回答。[7] 简要地说，他的论证如下：假定在我们的实例中，V 确实是 u 的一个函数，即 $V=f(u)$。令 g 为它在某个坐标系中的图，这个选择是无关紧要的。当然，这个真实函数 f 以及它的图对于测量这两个变量的相关值的科学家来说是不知道的。为了论证方便起见，假定他们的测量都是精确的，因而他发现了通过这条"真"曲线 g 的许多数据点。假定现在依循简单性原则，科学家画下了最简单的，即直觉上最平滑的曲线来通过这些点。因而他的图比如说 g_1，可能明显地偏离真实的曲线，虽然它至少和真实曲线共有着已测量过的数据点。但随着科学家确定愈来愈多的数据点，并且进一步绘出最简单的图 g_2，g_3，g_4，…，它们愈来愈逼近真曲线 g，并且与此相联系的函数 f_2，f_3，f_4，…也愈来愈逼近真函数关系 f。因此，遵循简单性原则并不能保证以一步或甚至许多步就产生出函数 f；不过如果 u 与 V 之间有函数关系的话，这个程序会导致一个逼近真实的函数，其准确性到达我们任意所期望的程度。

赖辛巴赫的论证（这里以简化的形式将它陈述出来）是巧妙的，但它的效力是有限的。因为，无论连续的图形及函数的建构走得多远，这个程序并不提供有关我们对于真函数已经逼近得多近的任何指示，假定这里真的存在着真函数的话。（例如，如我们早先已注意到的，气体的体积看来只是温度的函数，而事实上并不是。） 44

而且这种基于向真曲线收敛的论证，也可以用来为直觉上复杂的并且不合理的绘图方法作辩护。例如，容易看出，如果我们总是用一个半圆来接连邻近两个数据点，这个半圆的直径是两点间的距离，其结果绘出来的曲线最终也会向真曲线收敛，如果存在真曲线的话。尽管有这种“辩护”，这个程序不会被认为形成定量假说的健全方法。不过某些其他的并不简单的程序，例如用其长度始终大于某个极小值的发夹形曲环来连接两个邻近的数据点，并不能以这样的方式得到辩护，并且真正像赖辛巴赫所论证的那样，是一种自我拆台。所以赖辛巴赫的想法有显著的重要性。

波普尔提出了非常不同的观点。他把两个假说中的简单者看作有较多经验内容的假说。他论证说，因而这较简单的假说，假如它是假的话，是更容易被证伪的（发现其为假的）；而这对科学有极大的重要性，科学力图以其猜测去接受最彻底的检验和可能的证伪。他总结自己的论证如下：“如果知识是我们追求的目的，则简单的陈述就比不简单的陈述得到更高的评价。因为它们告诉我们更多，因为它们的经验内容更大，还因为它们更可检验。”[8] 波普尔运用两个不同的标准使他的作为可证伪度的简单度概念更加清晰明确。按照其中的一个标准，某一行星轨道是一圆形，这一假说比认为它是一椭圆形更为简单。因为前者可以通过确定不在一个圆上的四个点的位置的发现来加以证伪（三点总可定一圆）。而要证伪第二个假说则至少要确定行星的 6 个位置点。在这个意义上，这里的简单假说是比较容易证伪的，它也是比较强的，因为它在逻辑上蕴涵不甚简单的假说。这个标准确实澄清了科学上所关切的那种简单性。

可是波普尔另外又宣称，如果第一个假说蕴涵第二个假说，并从而在严格的演绎意义上比第二个假说有更多的内容，则称第一个假说为更可证伪的，从而是更简单的。但更多的内容并不总是与更大的简单性相联系。确实，有时一个像牛顿引力理论和运动理论那样强的理论，会认为比起它所蕴涵的一大堆的在比较有限范围里起作用的无关的诸多定律更加简单。但是一个理论如此达到所欲求的那种简单化，并不仅是增加内容的问题。因为，如果两个不相关的假说（例如胡克定律与斯奈耳定律）被合取，尽管它并不是较简单的，但它的合取式比起每一个组成告诉我们更多。而且，上面考虑过的三个假说 H_1，H_2，H_3，其中没有一个比其他任一个告诉我们更多，可是它们并不被认为是同样简单的。这三个假说在可证伪性上没有什么不同。如果它们是假的，则其中任何一个都同样容易能表明其为假，即借助于一个反例表明其为假。例如，对资料（4，10）就会证伪所有这些假说。

因此，虽然这里简要概述的所有的不同的思想都对简单性原则的理论基础作出某种阐明，但寻求精确的表述和统一的辩护问题仍然没有得到满意的解决。[9]

4.5　假说的概率

我们对决定科学假说的可信赖性的概述表明，在某一特定时间里，一个假说 H 的可信赖性，严格说来，是依赖于那时的科学知识总体的相关部分，包括所有有关假说的证据，以及支持这个假说的而那时也被接受的所有的假说与理论。因为正如我们所看到的，正是参照着这些，H 的可信赖性就被评定了。因此，严格地说，我们应该说某个假说相对于某一特定的知识体的可信赖性。这一特定知识体可以用一巨大的陈述集合 K 来表示，所有这些陈述是那时的科学所接受的。

很自然就会有这样的问题：是否可能以精确的定量术语，通过构造一个定义来表达这个可信赖性呢？这个定义对任何假说 H 和任意陈述集合 K 确定一个 H 相对于 K 具有可依赖程度的一个数 $C(H, K)$。由于我们常将假说说成是有较大的或然性或有较小的或然性。我们可能会进一步思索，这个定量的概念是否可能这样定义使之满足概率理论的所有基本原理。在这种情况下，假说相对于任意 K 集的可信赖性会是一个不小于 0 和不大于 1 的实数。根据纯粹逻辑的理由，一个假说（例如“明天在中央公园或者下雨或者不下雨”）总会有可信赖性为 1。最后，对于任何两个逻辑上不相容的陈述 H_1 与 H_2，其中这一个或那一个假说为真的可信赖性等于它们的可信赖性之和，即

46

$$C(H_1 \text{ 或 } H_2, K) = C(H_1, K) + C(H_2, K)$$

事实上，关于这种概率，已经提出了各种不同的理论。[10] 他们从某些像刚才所谈到的那样的公理出发，进展到或多或少复杂的定理，使它有可能去确定某些概率，其前提是其他一些概率已经知道。不过他们都没有提出一个假说关于特定信息的概率的一般定义。

可以毫不夸张地说，如果 $C(H, K)$ 概念的定义是要用来说明我们曾经概述的所有不同的因素，则这个任务是很困难的。因为正如我们已经看到的，连对于像假说的简单性或证据支持的多样性这些因素应该怎样精确刻画我们还不太清楚，就更谈不上用数量词对它进行表达了。

不过，近来卡尔纳普获得了某些很有启发性的和很有深远影响的成果。卡尔纳普用严格形式化的模型语言来研究这个问题，这种模型语言的逻辑结构比为科学目的而要求的语言简单得多。卡尔纳普已经提出了一种普遍的方法来定义他所称谓的表述于这种语言中的任意假说对于表述于同样语言中的任意信息体的确证度。这样定义的概念满足概率理论的所有原理。相应的，卡尔纳普称这个概念为某个假说相对于给定信息的逻辑的或归纳的概率。[11]

【注释】

[1] W. F. 玛吉编：《物理学原始文献》，74 页。

[2] 这一简单的概述是根据 G. 霍尔顿和 D. H. D. 罗勒，《现代物理学基础》（马萨诸塞里丁：爱迪生-威斯莱出版公司，1958）第 33 章中的完整而清晰的叙述。

［3］详细情况见霍尔顿·罗勒的《现代物理学基础》第 34 章（特别是其中的第 7 节）。

［4］B. 伊万斯：《胡言乱语的自然史》，133 页，纽约，阿尔弗雷德·A. 纳普夫，1946。

［5］这个观点是 J. B. 科南特在《科学和常识》第 7 章谈到燃烧的燃素说时启发性地提出和加以阐明的。反潮流的科学理论的兴衰的一般概念是在 T. S. 库恩：《科学革命的结构》（芝加哥：芝加哥大学出版社，1952）一书中提出的。

［6］E. 罗杰斯：《探索心灵的物理学》，240 页，普林斯顿，普林斯顿大学出版社，1960。该书第 14 章和第 16 章对这两个体系作了极好的描述和评价；对于哥白尼图式的简单性给出了更为本质的论述。但也表明了哥白尼图式能说明在哥白尼时代的种种事实，这些事实是托勒密体系所不能解释的。

［7］H. 赖辛巴赫：《经验与预言》（芝加哥：芝加哥大学出版社，1938），第 42 节。

［8］K. P. 波普尔：《科学发现的逻辑》（伦敦：赫琴逊，1954），142 页。该书第 6 章和第 7 章对简单性在科学中的作用提出了许多启发性的意见，包括这里所提及的思想。

［9］希望进一步研究这些问题的读者会发现下列的讨论是有帮助的：S. 巴克尔：《归纳与假说》（纽约伊萨卡：康奈尔大学出版社，1975）；《关于科学理论简单性的一次讨论》，见《科学哲学》，第 28 卷，109～171 页，1961；W. V. O. 蒯因：《论复杂世界的简单理论》，见《综合》，第 15 卷，103～106 页，1963。

［10］其中一种是由经济学家约翰·梅纳德·凯恩斯在他的《论概率》一书（伦敦：麦克米伦有限公司，1921）中提出的。

［11］卡尔纳普在他的论文《统计概率和归纳概率》中对这些基本思想作了简要的和基本的说明，该文重印于 E. H. 马登编辑的《科学思想结构》（波士顿：霍顿·米弗林有限公司，1960），269～279 页。最近很有启发性的陈述是在卡尔纳普的论文《归纳逻辑的目标》中给出的，见 E. 纳格尔、P. 萨普和 A. 塔斯基编：《科学的逻辑、方法论和哲学（1960 年国际大会会刊）》（斯坦福：斯坦福大学出版社，1962），303~318 页。

第5章

定律及其在科学解释中的作用

47

5.1 科学解释的两个基本要求

对物理世界的各种现象进行解释，是自然科学的一个主要目标。事实上，在前面各章中，作为例证而举出的几乎所有的科学研究，其目的都不是弄清某个特定的事实，而是获得某种解释性的洞察力；它们所关心的问题是诸如产褥热是怎样得的，为什么唧筒的抽水能力有它特有的限度，为什么光线的传播符合几何光学定律，等等。在本章和下一章中，我们将较为详细地考察科学解释的特征以及它们所提供的洞察力的性质。

长期以来，人类一直坚持不懈地设法对发生在他周围世界的极其多种多样的、常常是令人困惑的并且有时带威胁性的事件获得某种解释，这表现在人们创造的神话和隐喻中，人们用这些神话和隐喻力图说明世界与人类自身的存在、生命和死亡、天体的运行、日夜的有规则的更替、四季的变迁、雷鸣闪电以及日光和雨露，等等。在这些解释性的观念中，有一些是基于自然力的拟人观念，其他一些乞灵于神秘的力量和行动者，还有一些则诉诸上帝的不可思议的计划或命运。

这种说明无可否认地会给提问者以获得某种理解的感觉；这些

说明也许会消除他们的疑惑，从而在这个意义上说“回答”了他们的问题。但是不管这些回答在心理上也许多么令人满意，它们对于科学的目的来说是不适宜的。科学毕竟关心的是提出一种与我们的经验有清晰的、逻辑的联系的并且从而能进行客观检验的世界观念。由于这个理由，科学的解释必须满足两个系统的要求，解释相关要求和可检验性要求。 48

天文学家弗朗西斯科·西兹提出了下列的论证来说明，为什么与他同时代的人伽利略宣称的通过其望远镜所看到的情况相反，根本没有卫星环绕木星旋转：

> 头上有七窍：两个鼻孔，两个耳朵，一双眼睛和一个嘴巴；因此在天上有两颗吉星、两颗祸星、两颗亮星以及一颗不确定的不偏不袒的水星。从这一点以及从金属有七种等许多其他的不计其数的诸如此类的现象，我们可以推测，行星的数目必然是七颗……而且，卫星是肉眼所看不见的，所以对我们地球不可能有什么影响，所以也就是无用的，所以也就是不存在的。[1]

这个论证的致命弱点是十分明显的，甚至即使它所引证的“事实”毫无问题地得到承认，它们也是与争论焦点完全不相干的；它们不能为木星没有卫星这个假定提供丝毫理由；被他用连珠炮般的“因此”、“所以”以及“必然地”等词提出的相关的主张是完全不合逻辑的。

与之相对照，我们考虑一下虹的物理解释，这种解释表明，虹的现象是作为太阳的白光在诸如产生云层中的球形水滴中的反射和折射的结果而出现的。这个说明用有关的光学定律表明，每当喷雾和薄雾水滴为观察者后面的强烈白光所照亮时，就会预期到虹的出现。因此，即使我们从未见过虹，由物理说明所提供的解释性知识，也会构成很好的根据来预期或相信虹将在特定环境下出现。我们将这种特征表述为这种物理解释满足了解释相关的要求：所引证的解释性知识提供了很好的理由来使人相信被解释的现象确实会发生或者真的已经发生过。如果我们有权说："这就是对它的解释——我们所研究的现象在这种环境下真的被预期到了"，则上述条件必须得到满足。

这个要求表示了一个适宜的解释的必要条件，但还不是充分条件。例如，有大量的资料表明，遥远星系谱线的红移提供了强有力的论据使人们相信，这些星系以极高的速度离开我们的星系退行而去，然而它还没有解释为什么。

49

为了引进科学解释的第二个基本要求，让我们再次考察一下把万有引力看作类似于爱的自然倾向的表现这种概念。我们早就指出，这种概念是全然没有检验蕴涵的。因此，没有任何经验的发现可以证实它或否证它。由于缺乏经验的内容，这个概念当然不能提供任何根据来预期独特的万有引力现象：它缺乏客观的解释力。对于那些用不可思议的命运所作的解释也可作类似的评论。乞灵于这样的概念并未获得一种特别深刻的洞察力，而是完全放弃了解释的企图。与此相对照，虹的物理解释建立于其上的陈述确实有各种各样的检验蕴涵的。例如，它们说明了在天空中看到虹的条件，以及虹的颜色次序；虹的现象在冲击岩石的波涛浪花中以及在草地洒水器的喷雾中出现等。这些例子说明科学解释的第二个条件。我们称之为可检验性要求：构成科学解释的陈述必须是能够经受检验的。

有人已经提出，由于用隐晦的普遍亲合性来说明万有引力概念是没有检验蕴涵的，它就不可能有什么解释力：它不能提供出根据来预期普遍的万有引力将会发生，也不能揭示万有引力将会有这样那样的特征；因为如果它确实蕴涵着这样的结果，不论在演绎的意义上还是在较弱的归纳概率的意义上，则它依照这些结果就会成为可检验的。正如这个例子所表明的，刚才考虑过的两个要求是相互关联的：提出一个满足相关要求的解释，也就满足可检验性要求(反之则不然)。

现在，让我们看看科学的解释采取什么样的形式以及它们是怎样满足这两个基本要求的。

5.2 演绎律则解释

我们再来考虑一下普里哀在普夷迪-多姆山的实验发现。他发现托里拆利气压计的水银柱的长度随着海拔高度的增加而降低。托里拆利和帕斯卡的大气压力概念给这种现象提供了一种解释，这种解释可以阐明如下：

(a) 在任何地方，托里拆利装置中密闭小管里的水银柱施加于底下水银的压力，等于水银上面空气柱施加于敞开容器的水银面上的压力。 50

(b) 水银柱与空气柱所施加的压力与它们的重量成正比；水银柱和空气柱的高度愈短，其重量愈小。

(c) 随着普里哀携带这套装置上山顶，敞开容器上面空气柱不断地变短。

(d)（因此）密封容器的水银柱随着高度升高而不断缩短。

经过这样的表述，这个解释便是一个论证，其大意是，如语句(d) 所描述的，应予解释的现象正好是由在 (a)、(b) 与 (c) 中所引述的解释性事实所预期的；并且 (d) 的确可以从解释性陈述中演绎出来。这些解释性陈述有两类：(a) 与 (b) 具有表示一致的经验联系的一般定律的性质；而 (c) 则描述某些特定的事实。因此，水银柱的缩短，在这里用表明它依照一定的自然律，作为某些特定环境的结果而发生来加以解释。这种解释使应予解释的现象适合于某种一致性模式，并表明在给定的特定规律和适当的特定环境下它的发生是应该预期到的。

今后，我们将用某种解释所说明的现象称作**被解释现象**；描述它的语句叫做**被解释语句**。当语境表明它的意思时，它们都被简称为**被解释项**。起说明作用的解释性信息的语句在我们的例子中是(a)、(b)、(c)——将被称为**解释语句**；可以说它们一起形成**解**

释项。

作为第二个例子，我们来考察一下关于球面镜中通过反射成像的特征的解释，即一般地说：

$$\frac{1}{u}+\frac{1}{v}=\frac{2}{r}$$

这里 u 和 v 是物点和像点离镜的距离，而 r 是镜的曲率半径。在几何光学中，这种一致性是用平面镜反射的基本定律来加以解释的，亦即把光束在球面镜任一点上的反射看作在与球面成正切的平面上反射的一个实例。所产生的解释可以表述为一个演绎论证。这个演绎论证的结论是被解释语句，而它的前提包括反射的基本定律和光的直线传播定律，以及镜面形成球面圆缺的陈述。[2]

51

有一个类似的论证（其前提也包括平面镜反射定律）解释了关于为什么置于抛物镜焦点处的细小光源反射成为平行于抛物线的轴的光束（这一原理在技术上应用于制造汽车的前灯、探照灯和其他装置）。

因此，刚才考虑过的解释可以理解为演绎论证，其结论是被解释句 E，而它的前提集即解释项由一般定律 L_1，L_2，…，L_r 以及其他断言特定事实的陈述句 C_1，C_2，…，C_K 所组成。因而这种论证构成一种类型的科学解释，它可以用下列图式来表述：

$$\text{(D—N)}\qquad \frac{\left.\begin{array}{c} L_1, L_2, \cdots, L_r \\ C_1, C_2, \cdots, C_K \end{array}\right\}\ \text{解释语句}}{E\qquad\qquad \text{被解释语句}}$$

这类解释性说明，可称为通过在一般定律下的演绎包容解释或演绎—律则解释（律则的“*nomological*”一词的词根是希腊字“*nomos*”，意即定律）。在科学解释中援引的定律，也可称为被解释现象的覆盖律，而解释性论证可说是将被解释项包容于这种覆盖律内。

在演绎—律则解释中，被解释现象可以是发生在特定时空中的某一事件，例如普里哀的实验结果那样。也可以是自然界中发现的某种规律性，例如虹一般地呈现出来的某些特征；或诸如伽利略定律或开普勒定律那样的经验定律所表示的一致性。对这些一致性的演绎解释可求助于范围更为广泛的定律，如反射和折射定律或牛顿的运动定律和万有引力定律。如牛顿定律的这种运用所证明的，经验定律通常借助于涉及作为这种一致性基础的结构和过程的理论原理来加以解释。在下一章中，我们将转过来讨论这种解释。

52 演绎—律则解释在可能最强的意义上满足解释相关的要求：它们所提供的解释性信息以演绎的方式蕴涵着被解释语句，并提供了合乎逻辑地带结论性的根据来说明为什么我们可以预期被解释现象的发生。（我们等一下将会遇到其他的科学解释，它只是在较弱的归纳的意义上满足这个要求。）并且也满足可检验性要求，因为除此以外解释项还蕴涵着，在规定的条件下，被解释现象就会发生。

某些科学的解释非常严格地符合（D－N）模式。当某一现象的某些定量特征，能够像在球面镜和抛物镜反射的情况下那样，从覆盖律中用数学推导出来加以解释时尤为如此。以勒威耶提出的（以及亚当斯也独立地提出的）关于天王星运动奇怪的不规则性的著名解释为例，这些不规则性不能根据流行的牛顿理论用当时已知的其他行星的引力吸引来加以说明。勒威耶猜想这些不规则性是一颗当时尚未发现的外层行星的引力吸引造成的，并且他计算出这颗行星的位置、质量以及这个行星所必需有的其他特征，在定量的细节上说明所观察到的不规则性。他的解释由于在预测的方位上发现一颗新行星——海王星而惊人地得到确证，这颗新行星具有勒威耶归之于它的各种定量特征。在这里，解释再一次具有演绎论证的性质，它的前提包括一般定律——具体地说是牛顿的万有引力定律和运动定律——也包括说明这颗起干扰作用的行星的各种定量特征的陈述。

然而，演绎—律则解释通常以省略的形式陈述：它们不提及被这个解释所预先假定的那些假定，而这些假定在这个特定的语境中完全被认为是理所当然的。这些解释有时表现在“E 因为 C”的形式中，这里 E 是应予解释的事件，而 C 是某种先行的或相伴随的事件或事态。例如：以“当冰冻时，人行道上的水泥砂浆仍然保持液体的状态，因为它被洒了盐”这个陈述为例。这个解释并没有明确地提及任何定律，但它至少不言而喻地预先假定了一个定律：当盐溶于水时，水的冰点下降。的确完全凭借这个定律，洒盐获得了解释，特别是因果性的解释，只是现在描述它的因果性作用的陈述被省略了。附带地说，这种陈述在其他方面同样也是省略的。例如，关于通常的物理条件，如温度不能下降得太低等某些假定，被认为是不言而喻理所当然的，并且没有提及。而如果这些如此被省略的定律的或其他方面的假定加在水泥砂浆上洒盐这个陈述上去的话，我们就获得了水泥砂浆保持液态这个事实的演绎—律则解释的前提。

类似的意见同样可应用于塞美尔怀斯关于产褥热是由腐败的动物物质通过敞开的伤口表面进入血液中而引起的这一解释。这样表述的解释没有提及任何一般定律；但它的预先假定是这种血流的感染一般引起伴随着产褥热的特有症状的血液中毒，因为这是感染引起产褥热的断言所蕴涵的。无疑这样的概括被塞美尔怀斯认为是理所当然的。对于他来说，科列奇卡的致命疾病的原因没有提出任何病因学问题：有传染性物质进入血液，就会引起血液中毒。（科列奇卡绝不是第一个因被染上病菌的解剖刀割伤而死于血液中毒的人。由于悲剧性的命运的嘲弄，塞美尔怀斯自己也遇到同样的命运。）但是一旦暗含的前提明确了，就可以看到这种解释包含着一般定律。

正如前面的例子所说明的那样，对应的一般定律总是以一个解释陈述作为预先假定，其大意是：某一种类 G 的特定事件（如气体在常压下的膨胀，回路中的电流流动等）是由另一类事件 F（如气体的加热，回路的运动通过磁场等）所**引起**的。为了了解这一点，我们不必深入分析原因概念的复杂情况；只要记住“同因必有同果”这个一般格言就足够了。当我们将这个格言运用于这种解释性陈述时，就产生了这样的蕴涵：每当一类事件 F 发生时，总是伴随着一类事件 G 发生。

我们说一种解释建基于一般定律上，这并不是说要发现这种解释必须发现这些定律。一种解释所达到的决定性的新洞察力有时却在于某种特定事实的发现（例如，过去未发明的外层行星的存在，黏附在做检查的医生的手上的传染性物质）。这种特定的事实凭借先前已被接受的一般定律来说明被解释的现象。在其他情况下，例如在氢光谱谱线这样的情况下，解释性的成就确实在于发现覆盖律（巴尔末定律）以及最后发现一种解释性理论（如玻尔的理论）。还有另一种情况：一种解释的主要成就在于表明被解释现象如何能够精确地用定律和特定事实的资料来加以说明。例如，从几何光学的基本定律与关于各种镜面几何特征的陈述的合取，解释性地推导出球面镜与抛物镜的反射定律，就是这种情况。 *54*

一个解释性问题本身并不决定要有何种发现才能使它得到解决。例如，勒威耶也发现水星的运动与理论预期的路径相偏离；如同在天王星中的情况那样，他试图把这些偏离解释为由于另一颗也未被发现的行星——火神星的引力吸引所引起的；而这颗火神星必须密度很大，体积很小，在太阳与水星之间。可是没有发现这样的行星，而比较令人满意的解释只是在许多年以后由广义相对论作出的，广义相对论并不是用某种特定的扰动因素而是借助于新的定律系统来说明这种不规则性的。

5.3　普遍定律和偶然概括

我们已经看到，定律在演绎—律则解释中起着不可缺少的作用。定律提供了一种联结，由于这种联结，特定的环境（由 C_1，C_2，…，C_K 描述）可用来解释给定事件的发生。而当被解释项不是一个特定事件，而是像前面所提到的球面镜与抛物镜的特征所表现出来的那些齐一性时，解释性定律呈现为一个更为广泛的齐一性系统，才给定的齐一性不过是这个系统的一个特例。

演绎—律则解释中所要求的定律，具有下列的基本特征：正如我们下面将要谈到的，它们是一种普遍形式的陈述。广义地说，这类陈述断言在不同的经验现象之间或一种经验现象的不同方面之间有一种一致的联系。它是这样一种陈述，其大意是：无论何时何地，只要有一类详细规定的条件 F 发生，则毫无例外地也一定有另一类条件 G 发生。（并非所有的科学规律都是这种类型的。在下一节中，我们将会遇到概率形式的定律及以这种定律为基础的解释。）

这里是几个普遍形式的陈述的例子：压力保持不变时，每当气体温度升高，它的体积也增大；每当一种固体溶于液体中，这种液体的沸点上升；每当光线在平面上反射，则反射角等于入射角；每当磁铁棒断裂成两半，则每一半都是一块磁铁；每当一物体在接近地球的表面的真空中从静止状态作自由下落时，则在 t 秒内，它走过的距离为 $16t^2$ 英尺。自然科学的大多数定律是定量的定律：它们断言在物理系统的不同的定量特征之间（如在气体体积、温度以及压力之间）或在物理过程的不同定量特征之间（如在伽利略定律中自由下落的时间与距离之间；在开普勒第三定律中行星公转周期以及它与太阳之间的距离之间；在斯奈耳定律中入射角与反射角之间）存在特定的数学联系。

55

严格地说，一种断言某种一致的联系的陈述，仅当有理由认为它是真的时候，才被认为是一个定律：我们通常不会论及假的自然定律。但如果严格遵守这个要求，则常被人们提及的伽利略定律和开普勒定律的陈述都没有资格作为定律。因为按照目前的物理学知识，它们只是近似地成立；而我们在后面将要看到，物理学理论解释了为什么这样。类似的意见也适用于几何光学的定律。例如，甚至在一种均匀的介质中，光线也不是严格地按直线行进的，它能够沿拐角变曲。因此我们将有点随便地使用“定律”一词，也将这个词应用于这里所提及的那类陈述，这些陈述根据理论上的理由，已知只是在近似的情况下以及在一定的限制条件下成立。在下一章中，当我们考察用理论来解释定律时，将要回过头来讨论这一点。

我们已经看到，在演绎—律则解释中所援引的定律具有这样的基本形式："在所有的情况下，当 F 类条件实现时，G 类条件也同样实现。"但有趣的是，并非所有这种普遍形式的陈述（即使是真的）都能有资格作为自然定律。例如，"在这个箱子里所有的岩石都含有铁"这个语句具有普遍的形式（F 是箱子中岩石这个条件，G 是含铁这个条件）；然而这个句子即使是真的，也不被认为是定律，而是"碰巧是这种情况"的一种断言，是"偶然的概括"。或者考虑一下这样的陈述："由纯金组成的所有物体，其质量都不超过 100 000 公斤。"毫无疑问，所有为人们检验过的金质物体都符合这个陈述，因此它有大量的确证证据，而否证的事例还没有。的确，在宇宙的历史中很可能从来没有过或者今后也不会有 100 000 公斤或更大质量的纯金物体。在这种情况下，所提出的概括不仅得到了充分的确证，而且是真的。然而，我们大概会认为它的真理性是偶然的，其根据是在当代科学中表达的基本自然定律没有排除存在一个质量超过 100 000 公斤的固体金子的可能性——甚或生产出具有这种质量的金子的可能性。

因此，科学的定律不能合适地定义为真的普遍形式的陈述：这种特征描述对于我们正在讨论的这类定律是必要的条件但不是充分的条件。

怎样区别真正的定律和偶然的概括呢？近年来对这个有趣的问题进行了深入细致的讨论。让我们简略地介绍一下目前仍在继续进行着的辩论中涌现出来的一些主要的思想。 *56*

纳尔逊·戈德曼[3] 注意到两者之间的一个能说明问题的和有启发性的区别。这个区别是：定律能够而偶然概括不能用来支持与事实相反的条件句，即"如果 A 是（曾经是）如此，则 B 也会是（曾经是）如此"，这里事实上 A 不是（不曾是）如此。例如，"如果这支石蜡蜡烛已放进沸水壶中，则它就会溶解掉”这个断言，可用援引石蜡在 60℃以上就成液体这一定律（以及水的沸点是 100℃这个事实）来加以支持。但“在这个箱子中所有的岩石都含有铁”这个陈述却不能类似地用来支持与事实相反的陈述，即“如果这块卵石放进这箱子中，它会含铁”。类似的，与偶然是真的概括相对照，一个定律能够支持虚拟条件句，即“如果 A 会发生，则 B 也会发生”型的语句，这里不论 A 在事实上是否会发生。“如果这支石蜡蜡烛放进开水中，则它会溶解”这个语句就是一例。

与这一区别紧密相关而且我们特别感兴趣的另一区别是：一个定律能够用来作为某一解释的基础，而一个偶然概括则不能。例如，放进沸水中的某一特定的石蜡蜡烛溶解了，这可以按照（D—N）图式，用刚才提到的特定事实以及当温度升到 60℃以上时石蜡蜡烛就要溶解这个定律来解释。但箱子中一块岩石含铁这个事实却不能类似地用在箱子中所有的岩石都含铁这个一般陈述来作解释。

通过进一步的区分，我们似乎可以很有理由地说，后一陈述不过是下列这类有限合取适当的简写：“岩石 r_1 含铁，岩石 r_2 含铁，……，以及岩石 r_{63} 含铁。”而关于石蜡的概括则是特称实例的潜在无限集，因而不能用描述个别实例的陈述的有限合取来释义。这个区分是有启发性的，但言过其实了。首先，因为“箱子里所有的岩石都含铁”这个概括，事实上并没有告诉我们在箱子里到底有多少块岩石，也没有列举任何特定的岩石 r_1，r_2，等等。因此，这个一般语句与刚才提到的这类语句的有限合取在逻辑上并不等价。要表述形成一个合适的合取，我们还需要增加一些信息，这些信息通过计算和标记箱子中的岩石就能获得。另外，我们关于“所有的纯金物体，其质量都不超过 100 000 公斤”的概括，即使世界上有无限多的纯金物体，也不能看作一个定律。因此，我们已经考察过的这个标准由于若干理由不能成立。

57

最后，我们应当注意到，一个普遍形式的陈述即使它实际上没有任何实例，也有资格作为一个定律。作为一个例子，我们来考虑下述语句："在半径与地球半径相等而质量为地球质量两倍的任何天体上，从静止开始的自由落体服从 $s=32t^2$ 这一公式。"在整个宇宙中很可能根本没有具有这里所规定大小和质量的天体，然而这个陈述却具有定律的性质。因为它（或者更确切地说，它的非常接近的近似值，如伽利略定律的情况那样）是从牛顿万有引力定律和运动定律与关于地球上自由落体的加速度是每秒每秒 32.2 英尺的陈述的合取中得出的结论；因此，它有强有力的理论支持，正像我们前面所举的月球上的自由落体定律一样。

我们注意到，一个定律能够支持有关潜在事例，即关于可能发生或过去可能发生但未发生的特定事例的虚拟的和与事实相反的条件陈述。同理，牛顿的理论支持了暗示着具有定律似的地位的虚拟式一般陈述，即"在与地球大小相等而质量为地球质量两倍的任何天体上，从静止开始的自由落体服从 $s=32t^2$ 的公式"。与之相对照，关于岩石的那个概括就不能释义为"可能在这个箱子里的岩石都会含铁"这样的断言，当然，这后一断言也不会得到任何理论支持。

同理，我们也不能用我们关于金质物体的质量的概括（我们称它为 H）来支持诸如这样的陈述："质量加起来大于 100 000 公斤的两块纯金可能熔合成一个物体；或者如果熔合是可能的，则其结果产生的物体的质量将小于 100 000 公斤"。因为现时所接受的物质的基本物理和化学理论都不排斥这里考虑到的熔合，并且这些理论也不蕴涵着这里谈及的这种质量减少。因此，即使概括 H 为真，即如果没有任何例外发生，这种概括也会被现行的理论（这种理论允许 H 有例外发生）判断为仅仅是偶然的或碰巧的事情。

因此，一种带普遍形式的陈述是否算得上一个定律将部分地取决于当时被人们接受的科学理论。但这并不是说，"经验的概括"——为经验充分地确证但在理论上没有基础的普遍形式的陈述——永无资格作为定律。例如，伽利略定律、开普勒定律以及波义耳定律在它们获得理论根据之前就已被人们当作定律接受。理论 58

的相关宁可说是这样的：一种普遍形式的陈述，不管它已经得到经验确证，还是尚未受到检验，如果它为一个已被接受的理论所蕴涵，则有资格作为一个定律（这类陈述常被称为理论定律）；但是即使这种普遍形式的陈述在经验上得到充分确证，并且在事实上大概也是真的，如果它排斥某些被人们接受的理论认为可能的假说性事件（例如在我们的概括 H 的情况下，两块金质物质熔合产生一块质量超过 100 000 公斤的金子），则它没有资格当作一个定律。[4]

5.4 概率性解释：基本原理

并不是所有的科学解释都建立在严格普遍形式的定律的基础上。例如，小吉姆得了麻疹可以用下述的说法来解释：他是从他的兄弟那里染上这种病的，他的兄弟几天以前得了很严重的麻疹。这个说明再一次将被解释事件与早先发生的事件（即吉姆接触过麻疹）连接了起来，后者被认为是提供了一种解释，因为在和麻疹接触与染上了这种病之间存在着一种联系，然而这种联系不能用普遍形式的规律表示；因为并非所有与麻疹接触过的人都引起接触传染。我们所能够断定的只是接触了麻疹的人有很高的概率得病，即有很大的百分比得病。我们将马上更仔细考察这种类型的一般陈述句，可称为概率形式的定律或简称为概率性定律。

在我们的实例中，解释项由刚才提及的概率性定律与吉姆接触过麻疹的陈述组成。与演绎—律则解释的情况相对照，这些解释陈述并不用演绎的方式蕴涵吉姆得了麻疹这样的被解释陈述；因为，在从真的前提作演绎推理时，结论总是真的，而在我们的例子中，解释陈述为真，而被解释陈述为假是完全可能的。简而言之，解释项蕴涵着被解释项并不具有“演绎的确定性”，而只有接近的确定性或高度的或然性。

这样产生的解释性论证可以用图式表示如下：

与麻疹接触的人，得病的概率很高。
吉姆接触麻疹。
══════════ [使之具有很高的概率]
吉姆得麻疹病。

在前面（D—N）图式所使用的演绎论证的通常表述中，结论和前提是用一条单线分开的，它表示前提合乎逻辑地蕴涵着结论。在上页这个图式中所用的双线以类似的方式表示“前提”（解释项）使“结论”（被解释项）具有或大或小的概率；概率的程度由方括号内的标记给出。

这类论证可称为概率性解释。正如我们的讨论所表明的，一个特定事件的概率性解释和相应的演绎—律则类型的解释一样，具有某些基本特征。在这两种情况下，给定事件都是用其他事件来加以解释，这些事件与被解释项用定律联系起来。不过在一种场合，定律是属于普遍形式的；而在其他场合里，定律则是属于概率形式的。然而一种演绎解释表明，根据在解释项中所包含的信息，可以用“演绎的确定性”来预期被解释项，而一种归纳的解释只能表明，根据在解释项中所包含的信息，只能用高度的概率或者“实用的确定性”来预期被解释项。后一论证正是以这种方式来满足解释相关要求的。

5.5 统计概率和概率性定律

我们现在必须更周密地考虑刚才我们所提及的概率性解释的两个可资区别的特点：它们诉诸的概率性规律以及联结解释项与被解释项的特别种类的概率蕴涵。

假设从盛有同样大小、同样质量但不一定有同一颜色的许多球的瓮中作连续的抽取，每次取出一个球，并将它的颜色记下，然后把球放回瓮中。在第二次抽取以前，将里面的球彻底搅匀。这就是称为随机过程或随机实验的一个例子。我们即将更为详细地表征这个随机过程或随机实验的概念，让我们将刚才描述的这个过程称为实验U，每一次抽取称为U的一次演示，每次给定的抽取得到的球的颜色称为这次演示的结果或结局。

如果瓮中所有的球都是白色的，则有一严格普遍形式的陈述对于U的演示所得的结果都适用：每次从瓮中取出的球都是白球，或简言之，结果为W。如果只有某些球——比如说其中600个——是白的，而其余的——比如说400个——是红的，则有一概率形式的普遍陈述适用于这个实验：U的一次演示得到白球的概率或结果为W的概率是0.6，用符号表示：

(5a) $P(W,U)=0.6$

同理，投掷一个钱币的随机实验C，结果得到正面的概率是

(5b) $P(H,C)=0.5$

而掷一个等边骰子的随机实验D，其结果得到一点的概率为

(5c) $P(A,D)=\frac{1}{6}$

这样的概率陈述意味着什么呢？按照一种有时称之为“经典”概率概念的众所周知的观点，陈述（5a）应解释如下：实验U的每一次演示从1 000种基本可能性或基本的选择对象中作出一个选择，每一种可能性用瓮中一个球来表示；而在这些可能的选择中，600个对于结果W是“有利的”；而取出白球的概率就是可得到有利选择数与所有可能选择数之比，即600/1 000。（5b）和（5c）的概率陈述的经典解释也是按类似的思路进行的。

然而这种表征是不适宜的，因为如果在每次抽取之前，将瓮中的400个红球置于白球之上，则在这个新型的瓮中取球实验——我们称它为U'——中有利选择和可能的基本选择之间的比例将会保持不变，但抽取到白球的概率比在实验U中（每次抽取之前将球彻底搅匀）要小。经典概念考虑到这个困难，要求在概念定义中涉及基本选择必须是“等可能的”或“等概率的”。而在实验U'中，这

个要求被违反了。

这个附加的条件，引起了怎样定义等可能性或等概率的问题，我们将要避开这个以麻烦和引起争论而出名的问题，因为——即使假定等概率能够得到满意的表征——经典概念仍然是不合适的，这是由于我们也要赋予随机实验的结果以概率，而对于这些结果，我们不知道有什么似乎可能的方法来划分出等可能的基本选择对象。61 例如，掷一个等边骰子的随机实验 D，那六个面可被认为是表示这种等可能的供选择对象；但是，在骰子灌铅的情况下，即使这里我们无法划分出等可能的基本结果，我们也要赋予掷得一点或奇数点等的结果以概率。

与之类似——这一点尤为重要，科学赋予自然界中所遇到的某些随机实验或随机过程的结果比概率，例如对于放射性物质的原子一步一步的衰变或者原子从一个能级到另一个能级的跃迁等就是如此。在这里我们同样找不到据以经典地定义和计算这种概率的任何等可能的基本供选择对象。

为了得到关于我们的概率陈述的比较满意的解释，让我们考虑一下人们怎样确定使用一个并不知道是否规则性的骰子掷得幺点的概率，显然，做到这一点就要用这个骰子掷许多次并确定其**相对频率**即那些幺点朝上的实例的比例。例如，如果掷骰子的实验 D' 进行 300 次而幺点朝上 62 次，则相对频率 62/300 就被认为是用这个骰子掷得幺点的概率 $p(A, D')$ 的近似值，类似的程序也可以用于估算与掷钱币、轮盘赌的转轮的旋转等有关的概率。同样，关于放射性衰变的概率，在不同原子能态之间跃迁的概率，遗传过程的概率等都可通过确定相应的相对频率来加以测定；不过做到这一点通常是用高度间接的方法，而不是简单地计算单个原子或其他有关事件来进行的。

有相对频率进行的解释，同样适用于像（5b）和（5c）那样的概率陈述，这些概率陈述涉及投掷一个整齐的（即同质的和严格圆柱形的）钱币或丢掷一个规则的（同质的和严格立方体的）骰子：

科学家（或就此来说赌徒）在作出频率陈述时所关心的是相对频率，借助于它就能在某种随机实验 R 的长系列的重复中预期某种结果 O。计算“等可能的”基本选择对象以及计算其中对 O“有利的”对象被认为是猜测 O 的相对频率的助发现方法。确实，当一颗规则的骰子或一个整齐的钱币掷了许多次时，不同的面有以相同的频率出现的趋势。人们可以根据在形成物理假说时通常使用的对称考虑来对它作出预期，因为我们的经验知识不能提供出任何根据，以此预期某些面的出现比其他一些面的出现更有利一些。但是当这 62 样的考虑常在启发性上有用时，我们切不可认为它们是确定不移的和不证自明的真理：有些似乎很有道理的对称性假定，如宇称原理，在亚原子层次已被发现一般不适用。因此，关于等概率性的假定总要根据有关所研究现象的实际相对频率的经验资料加以修改。这一点也可以由包斯和爱因斯坦以及费米和狄拉克分别提出气体统计理论来加以例证，这个理论基于关于在一个相位空间中粒子怎样分布是等可能的不同假定上。

因此，在概率性定律中规定的概率表示相对频率。然而这些概率不能严格地定义为有关随机实验长系列重复中的相对频率。比方说，在抛掷一颗给定的骰子时，得到幺点的比例是会随着抛掷的系列延续下去而改变的，尽管改变很少也罢；甚至在完全等长的两个系列中，得到幺点的数目通常也会是不同的。然而，我们确实发现，随着投掷次数的增加，每一个不同结果的相对频率趋向于变化愈来愈少，即使连续投掷的结果继续以一种不规则的并且实际上是不能预测的方式变化。这一般表征为具有 O_1，O_2，…，O_n 结果的随机实验 R：R 的连续演示以一种不规则的方式，产生了这一个或那一个这样的结果；但是这些结果的相对频率，随着演示次数的增加而趋向于变得稳定。而这些结果的概率 $p(O_1, R)$，$p(O_2, R)$，…，$p(O_n, R)$，可以看作实际频率随着自身变得愈来愈稳定趋向的理想值。为了数学上的方便，这些概率有时被定义为随着演示次数的无限增加，相对概率向其收敛的数学极限。但是这个定义具有某些概念上的缺点，而在关于这个主题的某些新近的数学研究中，概率概念预期的经验意义被深思熟虑地，而且有很好的理由由下述所谓概率的统计解释[5] 更为笼统地表征为陈述意指在一长系列的随机实验 R 的演示中，结果 O 事例的比例几乎确定地接近于 r。 63

$$p(O,R)=r$$

必须细心地把这样表征的统计概率概念与我们在4.5节中考察过的归纳概率或逻辑概率的概念区别开来。逻辑概率是某些确定的陈述之间的一种定量的逻辑关系；语句

$$C(H,K)=r$$

断言假说 H 受到在陈述 K 中表述的证据支持到 r 的程度，或这种证据使之具有 r 程度的或然性。统计概率是某些种类可重复事件：某种结果 O，与某种随机过程 R 之间的定量关系；粗略地说，它表示结果 O 在长系列 R 演示中趋向于出现的相对频率。

这两种概念所具有的共同点就是它们的数字特征；两者都满足数学概率论的基本原理：

a. 这两种概率的可能数值的变程从0到1：

$$0\leqslant p(O,R)\leqslant 1$$
$$0\leqslant C(H,K)\leqslant 1$$

b. R 的两个相互排斥的结果中的任一个出现的概率，等于这些结果分别出现的概率之和；根据任何证据 K 得以成立的两个相互排斥的假说中这个或那个的概率，等于它们各自的概率之和：

如 O_1,O_2 是相互排斥的，则

$$p(O_1 \text{ 或 } O_2,R)=p(O_1,R)+p(O_2,R)$$

如 H_1，H_2 是在逻辑上相互排斥的假说，则

$$C(H_1 \text{ 或 } H_2,K)=C(H_1,K)+C(H_2,K)$$

c. 在所有的情况下都必然出现的结果的概率——例如 O 或非

O——是1；根据任何证据，一个在逻辑上（并且在这个意义上必然地）是真的假说（如 H 或非 H）的概率是1：

$$p(O \text{ 或非 } O, R)=1$$
$$C(H \text{ 或非 } H, K)=1$$

具有统计概率陈述句形式的科学假说能够用而且事实上是用检查有关结果的长程的相对频率来检验的；广义地说，这种假说的确证是根据假说概率与被观察的频率之间的一致接近度来加以判定的。然而这些检验逻辑提出了一些有趣的专门问题，对于这些问题起码要作简短的考察。

64

考虑一下这样的一个假说 H：用某一颗骰子掷得幺点的概率是0.15；或简言之，$p(A, D)=0.15$，这里 D 是掷这颗骰子的随机实验。假说 H 并不以演绎的方式含有规定在掷骰子的有限系列中将出现多少次幺点的检验蕴涵。例如它并不蕴涵在头500次投掷中出现幺点的次数正好是75，甚至也不蕴涵出现幺点的次数比方在50和100之间。因此，如果在大量数目的投掷中实际上获得幺点的比例与0.15相差很大，这也没有在下述的意义上反驳 H：例如"凡天鹅皆白"那样的严格普遍形式的假说，可以借助否定后件推理的论证，有一个反例，例如一只黑天鹅就可以遭到反驳。同理，如果给定的骰子的长程投掷产生幺点的比例非常接近于0.15，这也不能在下述的意义上确证 H：由于发现一个假说在逻辑上蕴涵的检验语句 I 事实上为真，从而使该假说得到确证。因为在后面这种情况中，这个假说借逻辑蕴涵断言 I，因而检验结果在表明假说所断言的某些部分确实为真的意义上是确证性的。但是对于 H，确证性的频率资料并未表明严格类似的情况；因为 H 并没有用蕴涵来断言在长远的投掷中得到幺点的频率一定会确定地非常接近0.5。

不过，虽然 H 没有在逻辑上排除在给定骰子的长系列投掷中获得幺点的比例会背离0.15很远，但它在逻辑上确实蕴涵着这样的背离在统计意义上是极不可能的，即如果一个长系列的投掷，例如每系列投掷1 000次的演示实验在次数上大量重复，则在那些长系列中与0.15相差很大的得到幺点的比例只占很小的一部分。就掷骰子的情况而言，通常假定连续投掷的结果是“在统计学上独立的”，其大致意思是：在这颗骰子的某次投掷中得到幺点的概率不依赖于它上次投掷的结果。数学分析表明，与这个独立假定结合在一起，我们的假说 H 通过演绎决定在 n 次投掷中获得幺点的比例数离0.15不超过一定数值的统计概率。例如，H 蕴涵着：对于这里考虑的投掷骰子1 000次的系列，得到幺点的比例在0.125到0.175之间的概率大约是0.976；同样的，对于投掷10 000次的系列，得到幺点的比例在0.14与0.16之间的概率大约是0.995。因此，我们可以说，如 H 为真，则实际上可确定在一长程试验中，所观察到的得幺点的比例将会和假说的概率值0.15相差甚微。因此，如果观察到某一结果的长程频率没有逼近一给定概率性假说所赋予的概率，则这个假说很可能是假的。在这种情况下，这些频率数据被认为是对假定的否证或降低它的可信赖性；而如果发现有足够强有力的否证证据，则这个假说就可被认为在实际上（尽管不是逻辑上）已被反驳并相应地被抛弃。同理，假说性概率和观察到的频率之间的接近一致，有助确证一个概率性假说，并且会导致该假说被人们接受。 *65*

如果概率性假说要根据有关观察到的频率的统计证据被接受或被抛弃，则需要有适当的标准，这些标准要决定（a）观察到的频率与假说所陈述的概率之间偏离到什么程度才可据此抛弃这个假说，（b）要求观察到的频率与假说性概率之间的一致接近到什么程度才是接受这个假说的条件。我们所说的这些要求可以规定得比较严格些，也可以规定得不那么严格，如何规定它们是一个选择的问题。选择标准的严格性一般随研究的前后关系和目的而异。广义地说，这些标准取决于在一个给定的语境中避免可能犯的下列两种错误的重要性。这两种错误是：摒弃受检假说，虽然这个假说是真的；接受受检假说，虽然这个假说是假的。当接受或者摒弃假说成为实际行动的基础时，这一点的重要性就特别清楚了。例如，如果这个假说涉及一种新疫苗的可能的效用和安全性，则对于决定是否接受它就不仅必须考虑到统计检验结果与假说所规定的概率相符合的程度有多高，而且要考虑当这个假说事实上是假的时，则接受这个假说并据以行动（例如用这种疫苗接种到儿童身上）将会有怎样严重的后果，以及如果这个假说事实上是真的，则摒弃这个假说并据以行动（例如破坏这些疫苗并改变或中止它的制造过程）又会有怎样严重的后果。在这个前后关系中引起的复杂问题形成统计试验与决断这门理论的主题，这门理论是近几十年来在概率与统计的数学理论的基础上发展起来的。[6]

在自然科学中，有许多重要的定律和理论原理具有概率性质，尽管它们通常具有比我们刚才讨论的简单概率陈述更为复杂的形式。例如，按照公认的物理学理论，放射性衰变是一种随机的现象；在这种随机现象中，每一种放射性元素的原子在一定的时期内具有独特的蜕变概率。相应地概率定律通常表述为给出有关元素的“半衰期”的陈述。例如镭^{226}的半衰期是1620年，钋^{218}的半衰期是3.05分钟，这些陈述就是这样的定律，其大意是镭^{226}的原子在1620年内、钋^{218}的原子在3.05分钟内衰变的概率都是1/2。按照上述的统计解释，这些定律蕴涵着：在给定的时刻里，大量的镭^{226}或钋^{218}原子在1620年或3.05分钟后有非常接近一半的原子依然存在；其余的由于放射性衰变而蜕变了。

再如，在运动理论中，气体行为中的各种一致性，包括经典热力学的定律，都是借助于关于组成分子的某些假定来加以解释的；其中一些是关于这些分子的运动和碰撞的统计规律性的概率假说。

关于概率性定律的概念，还有一些补充。看来好像所有的科学定律都应该看作概率性的，因为我们所有支持它们的证据总是有限的并且在逻辑上是非结论性的发现，我们只能赋予这些发现或大或小的概率。但这种论断忘记了普遍形式的定律与概率形式的定律之间的区别并不在于对支持这两类陈述的证据的强度，而在于反映它们所作断言的逻辑性质的形式。普遍形式的定律，基本上是这样一种陈述，大意是：在所有的场合，只要实现了 F 类的条件，则 G 类条件也同样出现；而概率形式的定律基本上断言在某些构成随机实验 R 的演示的条件下，某种结果将会以一定的百分比出现。不论其是真是假，也不论得到很好的支持还是很差的支持，这两种论断的类型在逻辑上有不同的性质，而我们对它们的区分正是基于这种不同上。

正如我们早就指出的那样，一种普遍形式的定律“每当 F 则 G”，无论如何也不是陈述每发生一个迄今已考察过的 F 事件则与之相联系也有一个 G 事件发生这种报告的一种简短的缩写。不如说，它也蕴涵着对 F 的所有过去、现在和将来都未考察过的事例的断言；它也蕴涵着与事实相反的条件句和假说条件句，这些条件句所涉及的可以说是 F 的“可能的出现”，正是这个特征使这些定律具有它们的解释力。概率形式的定律也有类似的情况。陈述镭^{226}的放射性衰变是具有相应的1620年半衰期的随机过程的定律，显然并不等于关于在镭^{226}的某些样品中已观察到的衰变率的报告。它涉及的是任何一批镭^{226}——无论过去、现在和将来的衰变过程；并且它蕴涵着诸如“如果两块特定的镭^{226}合而为一，则衰变率和它们仍然分开时的一样”这样的虚拟条件句和与事实相反的条件句。而且，正是这种特征使概率性定律具有它们的预见力和解释力。 67

5.6　概率性解释的归纳性质

我们前面用吉姆得麻疹的例子说明了一种最简单的概率解释。这种解释论证的一般形式可以陈述如下：

$$\begin{array}{l} p(O,R)\text{逼近于}1 \\ \underline{i\text{是}R\text{的一个事例}} \\ \overline{i\text{是}O\text{的一个事例}} \end{array} \quad [\text{使之具有很高的概率}]$$

在括号内表示的解释项赋予被解释项的高概率确实不是统计学

概率，因为它表征语句之间的关系，而不是表征各种事件之间的关系。我们用第四章已介绍的术语来说，解释项所提供的信息赋予了被解释项，而所说的概率则表示了被解释项合理的可信赖性；正如我们早就指出的那样，就这个可信赖性概念可被理解为概率而言，它表示逻辑概率或归纳概率。

在某些简单的情况下，有一种以数值项来表示这种概率的自然的而又明显的方法。在刚才考虑过的这种论证中，如果 $p(O, R)$ 的数值已经被规定，则有理由说解释项赋予被解释的归纳概率有同样的数值，所得到的概率性解释具有如下的形式：

$$\begin{array}{l} p(O,R)=r \\ \underline{i\text{ 是 }R\text{ 的一个事例}} \\ \overline{i\text{ 是 }O\text{ 的一个事例}} \end{array} \quad [r]$$

如果解释项比较复杂，为被解释项决定的相应的归纳概率引起了一些困难的问题，这些问题仍有部分尚未解决。但是对于所有这些解释，无论我们是否能够赋予它们确定数值的概率，前面那些考68 虑表明，当一个事件用概率性规律解释时，则解释项赋予被解释项的只是或强或弱的归纳支持。因此，我们可以这样地区分演绎一律则解释和概率性解释的是，前者通过演绎得以包含在普遍形式的规律内，后者通过归纳得以包含在概率形式的规律内。

有时有人说，正是由于概率解释的归纳特征，一种概率性的说明不能解释一个事件的发生，因为解释项并未在逻辑上排除它不发生。但概率规律和概率理论在科学及其应用中起的重要的和与日俱增的作用使我们最好把基于这些原理的说明也看作提供了解释。尽管与演绎一律则解释相比，这种解释是不够严格的。以一毫克钋^{218}的样品的放射性衰变为例，设 3.05 分钟之后发现样品原来数目之所余的质量在 0.499 毫克至 0.51 毫克之间。这个发现可用钋^{218} 的衰变的概率性规律来加以解释。因为这个规律与数学概率原理相结合，通过演绎蕴涵着这样的结论：已知 毫克钋^{218} 的原子数目非常之大，所规定的结果的概率极高，所以，在特定的情况下，可以用

"实用上的确定性"来预期它的发生。

或者我们考察一下气体运动理论对被称为格雷厄姆扩散定律的一种经验上确定的概括所提供的解释。这个定律陈述了在一定的温度与压力之下，不同气体在容器中通过一个多孔薄壁逃逸或扩散的速度与其分子量的平方根成反比；因此，分子每秒透过薄壁扩散的数量愈大，它的分子愈轻。这种解释基于这样的考虑：给定的气体每秒穿壁扩散的质量与它的分子的平均速度成正比，如果能够表明不同的纯气体的分子平均速度与它们的分子量的平方根成反比，格雷厄姆定律也就因此得到了解释。为了表明这一点，这个理论就要作出一些假定，大意是气体由数量非常大的分子组成，这些分子通过随机的方式以不同速度运动，这些速度由于碰撞而频繁地改变，这些随机的行为表明某些概率性的一致性——尤其是，在规定的温度和压力下，在给定的气体的分子中，不同的速度将以确定的、不同的概率出现。这些假定使得我们有可能计算不同气体在同温同压下所具有的平均速度的概率预测值，或我们可简称为"最可几"值。理论表明，这些最可几的平均值确实与这些气体分子量的平方根成反比，但是，用实验测得的也是格雷厄姆定律所决定的实际扩散率，将依赖于组成给定气体的大量的但却是有限的一群分子的平均速度的实际值。而这实际值与相应用概率估计的或"最可几"的值以下述的方式联系起来，这种方式基本上类似于在大量的但是有限的投掷给定骰子的系列中出现幺点的比例与相应的用这颗骰子投掷得到幺点的概率之间的关系。从在理论上导出的有关概率估计的结论来看，只能得出：鉴于涉及的分子数量非常大，极为可能的是，在任何给定的时间里，实际的平均速度具有非常接近于它们的概率估计的数值，因此实际上确定的是，这些数值如同后者一样与它们的分子质量的平方根成反比，从而满足了格雷厄姆定律。[7]

69

我们似乎有理由说，这种说明即使"只是"用高度有关的概率，但毕竟对于为什么气体显示了格雷厄姆定律表示出的一致性提供了一种解释；而在各种物理学教科书和物理学论文中，确实非常广泛地都把这类概率理论说明作为解释提及的。

【注释】

[1] 引自霍尔顿和罗勒：《现代物理基础》，160 页。

[2] 在本例以及下例中所涉及的曲面反射定律推导在莫里斯·克莱因《数学与物理世界》（纽约：托马斯·克罗威尔公司，1959）第 17 章中得到简单而明晰的阐明。

[3] 见他的论文《与事实相反的条件问题》，重印在《事实、虚构和预言》一书第 2 版（印第安纳波利斯：鲍勃斯-梅里尔公司，1965）作为其中的第 1 章。这本书对于规律、与事实相反的陈述，以及归纳推理提出了引人入胜的基本问题并用先进的分析观点考察了这些问题。

[4] 关于定律概念的比较充分的分析，以及其他参考文献，参见 E. 奈格尔《科学的结构》一书（纽约：哈克特、布莱斯和沃尔德公司，1961）第 4 章。

[5] 关于统计概率概念和极限定义及其缺点的进一步详细阐述见 E. 奈格尔的专著《概率论原理》（芝加哥：芝加哥大学出版社，1939）。我们关于统计解释的说法取自 H. 克拉默《统计学的数学方法》一书（普林斯顿：普林斯顿大学出版社，1946），143～149 页。

[6] 关于这个问题，参见 R.D. 鲁斯与 H. 雷法的《游戏与决断》一书（纽约：约翰·维莱父子公司，1957）。

[7] 这里指的“平均”速度，用专门术语来定义即为均方根速度。它们的数值与在通常的算术平均意义上的平均速度值相差不远。在霍尔顿和罗勒《现代物理基础》一书第 25 章中，可以找到关于格雷厄姆定律的理论解释的简明概述，对于某些有限数目事例的量的平均值与这个量的概率估计或概率预期值之间的区别，在这本书中没有明确提及，在 R.P. 费因曼、R.B. 莱顿和 M. 桑茨的《费因曼物理学讲义》（马萨诸塞里丁：爱迪生-威斯莱出版公司，1963）一书第 6 章（特别是第 4 节）有简要的讨论。

第 6 章

理论和理论的解释

6.1 理论的一般特征

70

在前面各章中，我们屡次有机会提及理论在科学解释中所起的重要作用。我们现在将详细地系统考察一下理论的性质和功能。

当先前对某一类现象的研究已经揭示出一个能以经验定律的形式表示的齐一性系统时，理论通常就被引进来了。于是理论设法解释这些规律性，并且一般地对于所讨论的现象提供一个比较深入和比较精确的理解。为此目的，理论将那些现象看作可以说是隐藏在它们后面和下面的实体和过程的表现。这些实体和过程被假定为受特有的理论定律或理论原理所支配，然后借助这些理论定律和理论原理解释先前已经发现的经验齐一性，并通常预见类似的“新”规律性。让我们举几个例子。

托勒密体系和哥白尼体系试图借助关于天文宇宙的结构以及天体的“实际”运动的适当假定来说明观察到的天体“表观”运动。光的微粒理论和光的波动理论借助于某些基本的过程来说明光的性质，这些理论把为光的直线传播定律、反射定律、折射定律所表现的早先建立起来的齐一性解释为假定基本过程所遵循的基本规律作用的结果。例如，光束从空气进入玻璃的折射在惠更斯波动理论中71被解释为光波在密度较大的介质中运动减慢的结果。相反，牛顿的微粒理论却把光的折射归因于密度较大的介质对光微粒施以更强的引力。顺便说一句，这种解释不仅蕴涵着观察到的光束的弯曲，而且当与牛顿理论的其他基本假定结合起来时还蕴涵着光微粒在进入密度较大的介质时会被加速而不是像被波动理论所预言的那样减速。这些相互冲突的蕴涵在接近二百年之后由福柯在本书第3章中已经简短地讨论过的实验中加以检验，其结果证实了波动理论的有关蕴涵。

再一个例子是，气体运动理论给用各种各样的经验建立起来的规律性提供了解释，把气体运动解释为基本的分子和原子现象中的统计规律性的宏观表现。

一个理论所断定的基本实体和过程以及所假定的支配它们的定律必须用适当的明晰性和精确性加以说明，否则这个理论就不可能在科学上有用。可以用新活力论关于生命现象的概念作例子来说明这个重要观点。众所周知，生命系统显示出看上去好像显然是有目的的或目的论的各种各样令人惊异的特征。其中包括有些物种失去的肢体能再生出来；其他一些物种在它们生长的早期阶段胚胎受到损伤甚至被切成几段，仍能从中发育成正常的机体；在发育的机体中许多过程异常协调，仿佛遵循着一个共同的规划来导致一个成熟的个体的形成。按照新活力论的见解，这种现象在非生命系统中不会发生并且不能单用物理学和化学的概念和定律来加以解释；更确切地说，它是一种称之为隐德来希或活力的非物质的隐晦的目的论动因的表现。它们特有的作用方式通常被认为是不违反物理学的和化学的原理的，而是在物理—化学规律所许可的范围内指导有机的过程，以至于即使出现干扰因素胚胎也能发育为正常个体，并且成熟机体能保持住或回复到功能正常的状态。

这个概念看来好像能够为我们正在讨论的令人惊异的生物现象提供一个比较深刻的理解；它会使我们对于这些现象有一种比较熟

悉的和比较“到家”的感觉。但在这种意义上的理解却不是科学所需要的，在这种直觉意义上达到洞察现象的概念系统，是不能单单以此为理由就取得科学理论的资格的。科学理论所作出的关于基本过程的假定必须明确，足以容许我们对于理论所要解释的现象推导出特定的蕴涵。新活力论在这方面失败了。它不能指出，在什么样的条件下，隐德来希才开始起作用；特别是它不能指出隐德来希以什么样的方式指导生物学过程。例如，不能从这个学说中推导出胚胎发育的任何特定的方面，也不能使我们预见到在特定实验条件下有哪些生物学反应将会发生。因此当遇到一种新的令人惊异的“有机定向”类型时，新活力论使我们能够做的一切只是作出马后炮的声明：“这是活力的另一种表现!”它没有提供任何理由使我们能够说：“根据这种理论假定，这就是理论所预期的——这种理论解释了它!” 72

这种新活力论的不适当并不是起因于人们把隐德来希解释为看不见摸不着的非物质行动者这种情况。对于这一点，只要我们将它与借助牛顿理论对行星和月球运动的规律性所作的解释加以对照，就会清楚了。这两种说明都乞灵于非物质动因：一个是活力，另一个是万有引力。但是牛顿的理论包括了在万有引力定律和运动定律中表达的具体假定，它决定了（a）具有一定质量和位置的一组物理物体中，每一个施加于其他物体之上的引力有多少，以及（b）这种力引起的它们速度的变化以及由此而决定的它们位置的变化有多大。正是这种特征赋予这个理论以解释力解释先前已观察到的齐一性并作出预见和回溯。例如，哈雷用这个理论预言他在 1682 年观察到的彗星将于 1759 年返回，并且回顾历史，认出它就是 1066 年以来其出现已被记录了六次的那颗彗星。以后人们根据天王星轨道不规则性发现了海王星，以及随后根据海王星轨道不规则性发现了冥王星，在这些发现中这个理论起了惊人的解释作用和预见作用。

6.2 内在原理和桥接原理

因此，广而言之，表述一个理论需要说明两类原理，让我们将它们简称为内在原理和桥接原理。前者表征理论诉诸的基本实体和基本过程以及假定和这些基本实体和过程相适应的定律。后者指出理论所设想的这些过程是怎样与我们所已经熟悉的而理论能解释、预见和回溯的经验现象相联系。让我们来考察几个例子。

73

在气体运动理论中，内在原理就是表征分子层次“微观现象”的那些原理，而桥接原理将微观现象的某些方面与相应的气体的“宏观”特征联系起来。考虑一下 5.6 节中讨论过的格雷厄姆扩散定律的解释。它诉诸的内在理论原理包括关于分子运动随机性质的假定以及支配这些分子运动的概率性定律；桥接原理包括作为气体宏观特性的扩散速率与它的分子的平均速度——用“微观层次”术语定义的量——成正比。

或者以运动理论解释波义耳定律（在常温下，一定质量的气体的压力与其体积成反比）为例。这个解释诉诸的内在假说与格雷厄姆定律基本上是相同的；与压力这个宏观量的联结是由这样的连接假说建立的，其大意是气体在容器上施加的压力乃是气体分子碰撞容器壁的结果，并且这个压力在量上等于分子每秒在容器壁面积上施加的总动量的平均值。这些假定得出了气体的压力与它的体积成反比而与它的分子的平均动能成正比的结论。然后，这种解释使用了第二个桥接假说，即一定质量气体的分子的平均动能在温度保持不变时保持不变。这个原理与上述的结论一起，显然可以得出波义耳定律。

在刚才考虑过的例子中，桥接原理可以说是把一定的在理论上假定的不能直接观察到和测量到的实体（例如运动着的分子，它们的质量、动量与能量）与中等大小的物理系统的或多或少可以直接观察或测量的方面（如用温度计和压力表测量到的某一气体的温度和压力）联系起来。但是桥接原理并不总是把“理论上不可观察的东西”与“实验上可观察的东西”联系起来。这可用我们前面考虑过的由巴尔末公式表达的经验概括的玻尔解释作为例子来加以说明。巴尔末公式以容易计算的形式说明了在氢发射光谱中呈现出来的（在理论上是无限的）系列不连续的谱线的波长。玻尔的解释建立在下列的假定上：(a) 氢蒸气因电、热“受激”而易发光，这是当单个原子中的电子从高能级跃迁到低能级时能量释放的结果；(b) 一个氢原子的电子只能得到（在理论上是无限的）一组量上确定的、不连续的能级；(c) 一个电子跃迁释放的能量 ΔE 产生正好一束波长为 λ 的光。λ 由定律 $\lambda=(h \cdot c)/\Delta E$ 给出，这里 h 普朗克常数，c 是光速。结果得出：每一条氢光谱谱线看来与在两个特定能级之间的“量子跃迁”相对应。而从玻尔的理论假定中的确可以在定量的细节上推出巴尔末公式。这里所求助的内在原理包括表征玻尔的氢原子模型的假定：氢原子由一个正核和一个围绕着它在这一系列或那一系列可能的轨道上运动的电子组成，每个轨道对应着一个能级，也包括上述 (b) 的假定。另一方面，桥接原理包括如上所述的 (a) 和 (c) 那样的假说：它们将“不可观察的”理论实体与要解释的主题——氢原子发射光谱的某种谱线的波长——联系起来。这些波长在观察这一词语的通常意义上是不可观察的，不能像比如说测量一个镜框的长度和宽度或一袋马铃薯的重量那样简单地直接地测量它们。测量它们是一个依赖许多假定（包括光的波动理论这些假定）的十分间接的程序。但在我们所考虑的前后关系中，这些假定被认为是理所当然的；它们甚至在刚要陈述理论解释所要寻找的齐一性时就已被预先假定了。因此，桥接原理将一个理论所假定的基本实体和过程联结起来的那些现象并不需要是“直接”可观察的或可测量的；完全可以根据以前建立起来的理论来表征这些现象，并且它们的观察或测量可预先假定有这些理论原理。

74

正如我们已经看到的，没有桥接原理，一个理论就不会有解释力。我们还可以补充说，没有桥接原理，它也不可能检验。因为一个理论的内在原理关系到为这个理论所假定的特殊的实体和过程（如在玻尔理论中，电子从一个原子能级跃迁到另一个原子能级），因而它们主要用涉及这些实体和过程的特有的"理论概念"来表达。但使这些理论原则接受检验的蕴涵却必须用我们先前已经熟悉的我们已经知道怎样去观察、测量和描述的事物和事件来表达。换言之，一个理论的内在原理表达于它特有的理论术语（"核"、"轨道电子"、"能级"、"电子跃迁"等）之中，而检验蕴涵必须用"先前已理解了的"术语（如"氢蒸气"、"发射光谱"、"谱线波长"）来表述。我们可以说这些术语的采用先于这个理论而引进并能独立于这个理论。让我们称它们为预先得到的或前理论的术语。从理论的内在原理推导出这些检验蕴涵显然需要有进一步的前提，这些前提确定这两种概念集之间的联系；这如上述的例子所示，是通过适当的桥接原理来实现的（例如把电子跃迁中释放的能量与作为其结果的发射的光的波长连接起来）。没有桥接原理，一个理论的内在原理不会产生任何检验蕴涵，从而就会违反可检验性要求。

6.3 理论的理解

原则上的可检验性以及解释性含义虽然十分重要，然而只是科学理论所必须满足的最起码的必要条件；一个系统满足了这两个要求，仍然可能提供不了多少启发并可能失去科学上的意义。

一个好的科学理论的显著特征并不能用非常精确的术语来陈述。在第 4 章中，当我们讨论关于科学假说的确证以及可接受性时已经提及了好的科学理论的若干特征。现在我们适当地作一些补充的考察。

在一个由于建立了经验定律因而已经达到了某种程度的理解的研究领域，一个好的理论将会加深和扩展这种理解。首先，这样的一个理论为非常多样的现象提供了系统的、统一的说明。它把所有这些现象都追溯到同样的基本过程，并把这些基本过程显示的各种经验的齐一性描述为一组共同的基本定律的表现。我们在上面指出极为多样的经验规律性（如自由落体，单摆，月球，行星，彗星，双星，人造卫星的运动，潮汐等所显现出来的那些规律性）都被牛顿的万有引力理论和运动理论的基本原理说明了。气体运动理论也以类似的方式将多种多样的经验齐一性呈现为在分子随机运动中某些基本概率一致性的表现。玻尔的氢原子理论不仅说明了巴尔末公式所表达的一致性（巴尔末公式只涉及氢光谱谱线的一个系列），而且同样地说明了表现在同一光谱中的其他谱线系列波长的类似的经验定律，包括若干其谱线处于光谱的不可见的红外线和紫外线部分的系列。 *76*

一种理论通常也会以一种不同的方式来加深我们的理解，即表明它所打算解释的先前表述的经验定律并不是严格地和毫无例外地成立的，而只是近似地和在一定的有限应用范围内成立的。例如，牛顿关于行星运动的理论说明表明开普勒定律只是近似地成立，并且它解释了为什么是这样的。这是因为牛顿原理蕴涵着一个行星只是在太阳的引力作用下围绕太阳运动的轨道固然是椭圆的，但其他行星对它施加的引力，使它偏离严格椭圆的轨道。这个理论根据干扰物体的质量和空间分布对于造成的摄动现象作出的定量说明。同理，牛顿理论将伽利略的自由落体定律解释为只是在万有引力作用下运动基本定律的一种特殊表现；但在这样做时，它也表明这个定律（即使运用于真空的自由落体时）只是近似地成立。其理由之一是在伽利略的公式中自由落体的加速表现为一个常（在公式“$s=16t^2$”中系数 16 的两倍），而在牛顿的万有引力平方反比定律中，作用于自由落体的力随着它与地心的距离的缩短而增加；因此，依照牛顿运动第二定律，落体的加速度在下落的过程中也增加了。类似的意见也适用于从波动光学主要观点看的几何光学定律。例如，甚至在一种均匀的介质中，光线也不是严格地沿直线运动的；它可在角边上弯曲。而曲镜反射和透镜成像的几何光学规律只是近似地并且在一定界限内成立。

因此，有人可能会说，理论通常并不是解释先前建立起来的定律而是反驳它们。但这样说会给一个理论所提供的洞察力以一幅歪曲的图像。毕竟，一个理论并不是简单地反驳在它的领域里以前的经验概括；相反，它表明在某种由限定条件规定的有限范围内，这种概括非常近似地成立。开普勒定律的有限范围包括这样一些情况：起干扰作用的附加行星的质量与太阳的质量相比很小，或者它们离给定行星的距离与这颗行星离太阳的距离相比很大。同理，这个理论表明伽利略定律对于短距离的自由落体近似地成立。

77 最后，一个好的理论也会通过预见和解释当理论提出时还不知道的现象来扩展我们的知识和理解。例如，托里拆利的大气层的概念导致帕斯卡作出随着离水平面的高度增加，气压计的水银柱将会缩短的预见。爱因斯坦的广义相对论不仅说明了已知的水星轨道的缓慢旋转，而且预见了光线在引力场中的弯曲，这是一个后来为天文测量证实了的预言。麦克斯韦电磁理论蕴涵着电磁波的存在并预见了它们的传播的重要特征。这些蕴涵，后来也为海因里希·赫兹的实验工作所确证，它们除了别的应用外，提供了无线电传输技术的基础。

这些惊人的预见的成功当然会极大地加强了我们对于一个理论的信心，这个理论对于先前建立起来的定律已经给我们提供了系统的统一的解释——并且常常对这些定律作出修正。这样一个理论给我们提供的洞察力比经验定律提供的深刻得多；因而，人们广泛地认为某一类经验现象在科学上的充分解释只有借助一个适当的理论才能达到。的确，这是一个明显的事实：即使我们把我们自己限于去研究我们世界中那或多或少可直接观察或直接测量的方面，并试图用第 5 章中讨论的方式借助用观察术语表达的定律解释它们，我们的努力也只获得有限的成功。因为在观察水平上表述的定律一般地说只是近似地成立，并且在有限的范围内成立；通过在理论上诉诸熟悉的外表下的实体和事件就能达到全面而精确得多的说明。想一想这个问题是很有意思的：我们是否能想象出一个较为简单的世界，在这个世界上（比方说）所有的现象都在可观察表面上；在这个世界上所发生的事情或许只有在有限可能范围内，并严格地按照某些普遍形式的简单规律行事的颜色和形状的变化。

6.4　理论实体的地位

无论如何，自然科学已经通过深入到熟悉的经验现象水平以下，达到了它们的最深刻最深远的洞察力；所以毫不奇怪，有些思想家把已被证实的理论所假定的基本的结构、力量和过程看作世界的唯一实在的组成成分。这就是爱丁顿在他的《物理世界的性质》一书引起争议的导言中表达的观点。爱丁顿首先告诉他的读者说，他安静下来写这本书的时候，他将他的两张椅子拖近他的两张桌子，然后他开始讲述这两张桌子的区别：

> 其中一张我在早年就熟悉……它有广延性；相对来说它具有持久性；它有颜色，更重要的它是实体的……第二号桌子是我的科学的桌子。它……大部分是空虚、稀疏地散布在这空虚中的无数以极高速度奔驰着的电荷；但它们容积的总和不到桌子本身容积的十亿分之一。（尽管如此，它）支持着我写的纸张，支持得如同第一号桌子一样令人满意。因为当我将纸张放在它上面时，这小小的带电微粒以它们的飞快的速度继续冲撞着下侧，因此纸张来回地保持在接近稳定的水平……在我面前的纸张，仿佛一群苍蝇悬在空中……还是由于在其下有实体的支持（实体的固有性质是占有空间以排除其他实体），这在世界上是有天渊之别的……我无须告诉你，现代物理学已用精密的试验和无情的逻辑使我确信，我的第二张桌子是唯一实在地存在在那里的桌子……另一方面，我无须告诉你，现代物理学 78

从未能够得以驱逐的第一张桌子——外部自然界、心灵的想象以及继承的偏见的混合物——它是我们看得见和摸得着的东西。[1]

但是这种概念，无论把它表述得多么有说服力，也是站不住脚的；因为解释某个现象并不是要把它解释掉了。表明我们日常经验所熟悉的事物和事件并非“真实存在”，既不是理论解释的目的，也不是理论解释的作用。气体运动理论显然没有表明，在压力的改变下改变体积，以特有的速率通过多孔器壁扩散等的各种气体宏观物体并不存在，“真实”存在的只有那一群乱哄哄的分子。相反的，这个理论把那些宏观事件及其齐一性的存在看作理所当然的，并试图根据气体的微观结构以及包含着各种变化的微观过程来解释它们。这个理论预先假定宏观现象的存在，这可以从下面的事实中清楚地显示出来：这个理论的桥接原理明确地谈到与宏观物体和宏观过程有关的诸如压力、体积、温度、扩散率这些宏观特征。同样的，物质的原子理论并没有表明桌子不是实体的，不是固态的、坚硬的物体。它认为这些事情都是理所当然的，并设法用一张桌子展示那些基本微观过程来表明那些宏观特征。当然在这样做的时候，理论可能揭示我们对于气体或固体的性质本来特有的某些特定的概念是错误的，例如也许是这样的概念：无论组成物理物体的部分有多小，这些物体是完全同质的。但是纠正这类错误的概念与表明日常的物体以及它们熟悉的特征并非“真实存在”是大不相同的两件事情。

79

有一些科学家和科学哲学家采取的观点和刚才讨论的观点正好相反。大体说来，他们否认“理论实体”的存在或认为关于它们的理论假定纯粹是人造出来的虚构，这种虚构对可观察的事物与事件提供了一个形式简单的、方便描述的和预见性的说明。这种一般观点有几种不同的形式并根据不同的理由。

有一类考虑，近来在这个问题的哲学研究中颇有影响，我们可以将它简单地陈述如下：如果一个提出的理论有一清楚的意思，则用来表述理论的新的理论概念当然必须清晰地和客观地用已经得到和理解的概念来加以定义。但是，一般地说，在通常的理论表述中，没有提供这种充分的定义；并且关于新的理论概念与先前得到的概念的联系方法所作的严密的逻辑考查提示我们，这种定义实际上是不能达到的。但是，按这样的论证继续下去，那么一个用这样表征不适当的概念来表达的理论必定要丧失它的充分确定的意义：这旨在论及某些理论实体和事件的理论原理，严格说来，全然不是确定的陈述；它们既不真也不假，它们至多是由其他一些经验现象（如通过氢气体放电）来推导出某些经验现象（如在适当安置的光谱仪中特征谱线的出现）的方便和有效的符号系统而已。

规定科学术语的意义的方法将在下一章中更为周密地加以考察。此刻我们要注意到的是：上述这些论证赖以建立的充分定义的要求是过于严格了。清晰地和精确地使用一个没有提供充分定义只规定部分意义的概念是可能的。例如，用水银温度计的读数表征温度概念并未提供温度的一般定义；它不能给出水银的冰点之下或沸点之上的温度。然而，在这些限度内，这个概念可以精确地和客观地使用。而且，这个概念的可应用范围还可通过规定测量温度的其他方法而加以扩大。我们考虑一下物理物体的惯性质量与它们在同一大小的力的作用下产生的加速度成反比这个原理。我们再次看到，这种表述并没有充分地定义一定物体的质量是什么，然而它仍然提供了部分的表征，使我们能够检验用质量概念表述的某些陈述，理论的桥接原理同样为使用理论术语提供了用先前已理解的概念来表达的部分标准。因此，根据缺乏充分定义这一点很难证明理论术语的概念以及包含这些理论术语的原理的概念只不过是符号运算的工具。 80

反对理论的实体存在的第二种非常不同的论证是这样的：任何经验的发现，不论如何丰富，如何多样，在原则上都可以包容在许多不同的定律或理论内。因此，如果一组经验上确定了的若干有关物理“自变量”与“因变量”的相关值用图中的点来表示，则如我们前面所看到的，这些点可以用许多不同的曲线加以联结；每一条这样的曲线都表示一个试探性的定律，用以说明迄今已经测量的若干对相关值。类似的评论也可适用于理论。但是当两个可供选择的理论——如19世纪“判决性实验”以前的光的微粒理论和波动理论——同样说明一组给定的经验现象，则如果承认其中一个理论所假定的理论实体“真实存在”的话，也必须承认其他理论所假定的迥然不同的理论实体也一样是“真实存在”的。因此任何一个可供选择的理论所假定的实体都不可能是实际存在的。

然而，这种论证也会迫使我们说，当我们仿佛听到窗外鸟叫时，我们切不可假定真实地存在着一只鸟，因为这个声音也可以用另外一个假说（即有人在吹笛子模仿鸟叫）来说明。但是很清楚，我们有一些办法可以查明到底哪一个假定是正确的；因为，除了解释我们所听到的声音之外，两种说明都有我们能够检验的其他不同的蕴涵，如果我们需要查明产生这种声音的“真”是一只鸟呢，还是一个笛子或是其他的东西。同样的，正如我们在前面看到的，两个光学理论都有着其他不相同的蕴涵，运用这些蕴涵，就能够检验并已经检验了这些理论。真的，逐渐排除其中某些可设想的供选择的假说或理论永远不能使竞争着的领域缩小到这样一个地步，在那 81 里只留下了一个理论；因此，我们永不能**确定地**证实：某一理论是真的，它所假定的实体是实在的。但这样说并不是揭露我们关于理论实体的主张中一个特有的漏洞，而是注意到所有经验知识的一个普遍的特征。

对理论实体存在的假定提出反对的第三种论证简单地说大意是这样的：科学研究的目的，说到底，就是要对我们在我们的感觉经验中所遇到的“事实”、现象提供一个系统的和连贯的说明；并且科学的解释性假定应该严格地只涉及这样一些实体与过程，它们至少是潜在的事实，可潜在地作用我们的感官。那些旨在深入到我们经验现象后面的假说和理论至多可能是有用的形式手段，而不能宣称代表物理世界的某些方面。根据这类理由，著名物理学者、哲学家恩斯特·马赫等人坚持说，物质的原子理论为描述某些事实提供了一个数学模型，但不能称原子或分子为物理的“实在”。

不过，我们已经注意到，如果科学因而把自己限制于只去研究可观察的现象，它就几乎根本不可能去表述任何精确的和普遍的解释性的定律，而定量精确和全面的解释性原理可以用如分子、原子，以及亚原子粒子这样的基本实体来表述。因为这些理论的检验和确证所用方法与用或多或少可观察或可测量的事物和事件来表达假设的方法基本上相同，看来，将理论所假定的实体当作虚构来加以摒弃是武断的。

不过，在这两个层次之间，究竟有没有很重要的差别呢？假设我们要去解释一给定的“黑箱”的性能，这个黑箱以特定的和复杂的输出对不同种类的输入作出反应。于是，我们可以大胆地提出关于这个黑箱内部结构的假说——也许用轮子、齿轮与转轮，或者用电线、真空管和电流。这样一个假说，可以用改变输入并检验相应的输出来加以检验，也可以用倾听黑箱发出的噪音以及其他方法进行检验。但这里仍然有可能打开黑箱，用直接检查的方法来检验这些假说；因为，在假说中假定的成分都是宏观的，在原则上是可以观察到的。另一方面，当常温下气体压力变化与相关的体积变化之间的输入—输出联系用分子的微观机制来解释时，用观察进行检验便是不可能的。

但是这里提出的区别并没有像看上去那样清楚、那样说明问题。因为它所涉及的可观察的类，并没有非常精确地判定界限。大概，它应包括所有那些事物、性质与过程，这些事物、性质和过程 82 的存在或出现能够为正常的人类观察者“直接地”查明，无须特殊仪器的中介或解释性假说或理论的中介。在我们的例子中，轮盘、齿轮和转轮就是属于这一类，它们之间的连锁运动也属这一类。同样的，电线和开关也可算是可观察的。但是对于像真空管那样的事物的地位就成问题了。不可否认，一个真空管是一个能被“直接”看到和摸到的物理客体；但是当我们将它说成是真空管时（如我们在解释黑箱的输出时那样），我们把这个客体描述为是有一定的复杂特征的（即具有某一独特的物理结构）；所以我们必须问：一个客体在这样的描述下是否就是可直接观察的，作为一个真空管的性质是不是在一定情况下其出现能够被直接观察查明的那种东西呢？现在，为了确定一个给定的客体是不是真空管，我们有时可以简单地看一下它看起来是否像一个真空管，但是要作出一个更为可靠的决定——特别是关于这个客体是不是一个使用合适的真空管，如黑箱的例子中所说的那样——就必须要求做各种物理检验，这些检验需要使用各种仪器，而仪器读数的解释又要预先假定一大堆物理学定律和理论的原理。但是如果把一个客体表征为真空管就必须超越可观察的范围，则黑箱的例子就丧失了它的力量。

让我们沿着有点不同的方向来进行论证。我们说，在黑箱中穿绕的导线可以看作可观察的。但是当衰弱的视力逼使我们戴眼镜来看时，我们当然不会将一条很细的导线说成是一个虚构的实体。因而不承认观察者非用放大镜就不能看见的诸如极细的导线或丝线或微小的尘点是客体，那就是武断的了。同样，我们必须承认只有借助显微镜才能观察到的客体，并进而必须承认只有借助盖革计数器、气泡室、电子显微镜以及其他诸如此类的仪器才能观察到的客体。

因此，从我们日常经验的宏观客体到细菌、病毒、分子、原子以及亚原子粒子，有一个逐步的过渡，画一条线将它们分为实际的物理客体和虚构的实体是非常武断的。[2]

83

6.5 解释与“还原为熟悉的东西”

有时人们说，科学的解释在于产生一种还原，将一个疑难的常常不熟悉的现象还原为我们已经熟悉的事实和原理。无疑的，这个特征非常适合于某种解释。先前确定的光学定律的波动理论解释，气体运动理论所提供的解释，甚至玻尔的氢原子以及其他元素的模型，所有这些都诉诸某种观念，我们是通过它们在描述和解释诸如水波的传播，弹球的运动和碰撞，行星绕日的轨道运动等熟悉现象中的应用，才熟知的。有些作者，例如物理学家 N. R. 坎贝尔坚持认为一种有某种价值的科学理论必须“显示出一种类比”：理论的内在原理给理论的实体和过程规定的基本定律必须“与某些已知的定律类似”。如光波的传播定律与水波的传播类似（具有相同的数学形式）。

然而，一个适当的科学解释必须在或多或少精确的意义上产生某个向熟悉的东西的还原，这种观点是经不住严格的检查的。首先，这种观点看来包含了这样的思想，即我们已经熟悉的现象不需要或也许不可能作科学的解释；然而事实上，科学确实力图解释如日夜交替、季节循环、月球圆缺、电闪雷鸣、彩虹和油膜的颜色模式以及我们观察到的咖啡与牛奶或白沙与黑沙在搅拌或摇晃时就会混合再也不能分开等“熟悉的”现象。科学解释的目的并不是对自然现象创造一种自在感或熟知感。这类感觉甚至完全可以为那些根本没有解释力的隐喻说明所唤起，如“自然亲合性”对万有引力的说明或用活力指导来解释生物学过程就是这样。科学解释，特别是理论解释的目的不是这种直觉的和高度主观的理解，而是一种客观的洞察力。这种洞察力是通过全面的统一，通过将现象呈现为符合明确规定的、可检验的基本原理的一般基本结构和过程的表现而达到的。如果这样一种说明能够用与熟悉的现象相类比的术语来提供，那当然很好。

另外，科学甚至会借助于首先与我们的直觉不相容的新类型的概念和原理，毫不犹豫地用还原为不熟悉的东西来解释熟悉的东西。例如，相对论和量子力学就是如此，相对论具有关于长度、质量、时间持续性、同时性的相对性等令人惊异的蕴涵；量子力学具有不确定性原理并抛弃了关于单个基本粒子过程的严格因果性的概念。 84

【注释】

［1］A. S. 爱丁顿：《物理世界的性质》（纽约：剑桥大学出版社，1929）。

［2］我们关于理论实体地位的讨论限于考察某些重要的基本问题，更为充分和更为深入的研究并有进一步的文献的讨论见 E. 奈格尔《科学的结构》一书第 5、6 章。另一本讨论这些问题的非常有意思的书是 J. J. C. 斯马特的《哲学和科学实在论》（伦敦：鲁特莱奇和凯・保尔有限公司；纽约：人文科学出版社，1963）。

第 7 章

概念的形成

7.1 定　义

85

科学陈述典型的是用特别的术语来表述的，如“质量”、“力”、“磁场”、“熵”、“相空间”等。如果这些术语能达到目的，则它们的意义必须这样明确规定得足以使其所形成的陈述是适当的可检验的，并且使它们能用于解释、预言和回溯。在本章中，我们将考察这个目的是怎样达到的。

为了达到我们的目的，将概念，如质量、力、磁场等概念与相对应的术语，它们是这些概念的语词的或符号的表达，两者明确地区分开来是很有帮助的。要指称一个特别术语，如同指称一个任何种类的特别事物一样，我们需要给它命名或指谓它。按照逻辑学和分析哲学的惯例，我们用双引号加于这个术语来形成名称或指谓。依此，我们像在本节第一句中所做的那样，谈及“质量”、“力”等。因此，在本章中，我们将讨论如何具体规定科学术语的意义的方法以及这些方法需要满足什么样的要求。

看来，定义是最明显的并且是唯一适当的描述科学概念的方法。让我们来考察它的程序。下定义是为了达到两个目的中的一个或另一个，即：

(a) 陈述或描述一个已在应用中的语词的已被接受的意义或多种意义。

(b) 依规定将特别意义指派给某一术语，这个术语可能是新造的词或符号表达（例如"π介子"），也可能是用它来指明特别技术意义的"旧"的词。（例如用于基本粒子理论中的"奇异性"一词。）

86

用于第一个目的的定义叫做描述性定义；用于第二个目的的定义叫做规定性定义。

第一类定义可以用这种形式来陈述：

……具有与……相同的意义

这个被定义的术语，或被定义项填于左边的实线处，右方的虚线处填上定义的表达式，或定义项，下面是一些描述性定义的例子：

"父亲"具有与"双亲中的男性者"相同的意义。

"阑尾炎"具有与"盲肠发炎"相同的意义。

"并发"具有与"同时发生"相同的意义。

这样的定义旨在分析一个术语已被接受的意义，借助于其他术语的帮助来描述它。如果定义服务于这个目的，则对那些其他术语的意义必须先行已有所理解。因此，这种定义也被称为描述性定义，而更专业地说，叫做分析性定义。在下一章中，我们将要考察这样的陈述，它可以看成是非分析类型的描述性定义。这类定义规定了术语的特定的应用范围或外延而不是它的意义或内涵。这两类描述性定义都是用来断言一个术语已被接受的用法的某一个侧面，因而它们可以称得上比较精确的或比较不精确的，甚至可以被称为真的或假的。

另一方面，约定性定义服务于引进一种表达，它在讨论问题的语境中或是在一个理论或其他类似的脉络中，以某种特定的意义来使用它。这样的定义，有如下的形式：

规定……具有与……相同的意义

或

让我们将……理解为与……具有相同的意义

这个表达式的左边和右边，（和前面一样）再一次分别被称为被定义项和定义项。其结果造成的定义具有约定或规定的特征，它们显然称不上是真是假。下面的例子说明这样的方式，其中这样的定义在科学著作中是如何建构起来的。这些定义的每一个，都可以很容易地表述为刚才所说的标准形式。

让我们用“无胆汁症”这个词作为“胆汁分泌不足”的简称。 87

“密度”这个词被用来作“每立方厘米的质量克数”的简称。

我们用酸来表示产生氢离子的电解质。

电荷为0而质量数为1的粒子称为中子。

用分析性定义或规定性定义来定义的术语，通常可以通过用它的定义项来取代它而从句子中加以移除。这个程序将这个语句转换为不再包含这个术语的等价语句。例如，根据我们刚刚建构的定义之一，“金的密度大于铅”的语句可以转换为“一立方厘米的金比同样体积的铅的质量要大”。在这个意义上，正如蒯因所指出的，定义一个术语就是要表明怎样去避免用到它。

“定义你的术语”这个训令具有健全的科学格言的韵律；当然，用于科学理论中或特定的科学分支中的所有的术语似乎理应都有精确的定义。但这在逻辑上是不可能的。因为，对一个术语下了定义之后，我们接着就得对定义项中每一个语词都加以定义，然后还得定义那些用来定义的每一个语词，如此类推。但这样做所构成的定义链中，我们必须避免用到这条链的前面的术语来“循环”定义某一术语。这种循环可用下列的定义串来加以说明；在这个定义串中规定“与……具有同一意义”这个短语由简短的符号“$=_{Df}$”加以代替：

“双亲” $=_{Df}$ “父或母”

“父亲” $=_{Df}$ “双亲中的男性者”

“母亲” $=_{Df}$ “双亲中的非父亲者”

要决定“父亲”的意义，我们就得用第一个定义中的定义项来替换第二个定义中的“双亲”的术语。但这就产生了“(父或母) 中的男性者”，其中定义“父亲”这个词用了它的自身（以及其他词），因此不能达到定义之目的，因为它使我们不能避免被定义的词。类似的麻烦也产生在第三个定义中。要定义一个系统中的每一个术语而避免上述困难，唯一的出路就是永远不要在定义项中使用以前在链中被定义过的术语。但这样我们的定义链将永无终结之日。理由是不管我们已经走了多远，那用于最后一个定义项的术语仍然要再加定义，因为依据我们的假定，那些术语尚未被定义过。这样一种无穷倒退无异于自我毁灭：我们要理解一个术语依赖于下一个术语，这下一个术语又转而要依赖更下一个术语，如此下去，永无止境，其结果是任何一个术语都得不到解释。

因此，在一个科学系统中，并非所有术语都可以用系统中的另一个术语来作定义：这就必定有一组所谓初始术语，它们在系统中并没有定义，而是用来作定义其他术语的基础。这一点在数学理论的公理表述中是非常清楚地得到了说明的。例如，在欧几里得几何学的每一个不同的现代公理化体系中，都明确地规定了一系列初始术语，而所有其他术语都通过规定性定义链来加以引进，这个定义链后推至只包含初始术语的表达。[1]

现在来考察一下科学理论中所运用的术语。按照第 6 章提出的区分，我们将它们划分为两类：严格意义上的理论术语，它们是这个理论的表征，以及前理论术语，或先行获得的术语。理论术语的意义是怎样确定的呢？我们要注意，首先是在纯数学理论之中，然后也在科学理论之中，有些理论术语可以借助于其他词语来作定义。在力学中，质点的瞬时速度和加速度被定义为所作时间函数的质点位置的一阶导数和二阶导数。在原子理论中，氘核可以定义为质量数为2的氢同位素的原子核，等等。可是，虽然这样的定义在理论的建构和运用中起到重要作用，它明显地不能将定义的经验内容充分灌注到被定义的术语中，从而使得那些术语能应用到经验的论题上去。为了达到这个目的，我们需要这样的陈述，它运用那些已经理解了的并且能够不指称这个理论而进行运用的表达式来对理论术语的意义加以规定。我们所说的前理论术语恰好就是为了达到这个目的。我们将用“诠释性语句”这一术语来指称这样的陈述，它借助于以前已经获得的或前理论的词汇来规定严格理论术语的意义，或给定理论的“特征术语”的意义。让我们对这样的语句的特征作较为深入的考察。

7.2　操作定义

导源于物理学家P.W. 布里奇曼的方法论著作思想的操作主义学派，已经提出了有关诠释语句特征的一种非常特别的看法。[2] 操作主义的中心思想就是，所有科学术语的意义都必须通过指明一种特定的检验操作规定下来，这种特定的检验操作提供了它的使用标准。这个标准常被称为“操作定义”。在严格的意义上说，它们是否就是定义，这还是一个问题。对于这个问题，我们稍后将要进行讨论。现在我们首先来看看某些实例。

在化学研究的早期阶段，“酸”这个术语可以“操作定义”如下：为了确定“酸”这个术语是否能运用于某种液体之上，即这种液体是不是酸，只需插入一片蓝色的石蕊试纸；当且仅当这片石蕊试纸变红，则这种液体是酸。这个标准指明一种特定的**检验操作**，插入蓝色的石蕊试纸，以便验明这个术语是否可以运用到这种液体之上；同时这个标准也陈述了一种特别的**检验结果**（试纸变红），作为一种指示来说明该术语可应用于特定的液体。

类似的，“硬于”一词运用于矿石时，可以操作性地描述如下：为了决定矿石 m_1 硬于矿石 m_2，用 m_1 的一个尖点，用力在 m_2 的表面上划一下（检验操作）；只有当 m_2 产生了一条划痕时（特别检验结果），我们才能说 m_1 硬于 m_2。

有些定义没有明言操作及结果，可是却很容易被改成一种指明操作的形式。以磁铁的描述为例：如果一根铁棒或钢棒的两端会吸引铁屑，并使铁屑黏附其上，则它被称为磁铁。一个明确的操作定义形式可写成：要发现“磁铁”这个术语是否可以运用于铁或钢棒，必须置铁屑于其附近。如果铁屑被吸引于棒的两端并附着于它，则这根棒是磁铁。

我们在三个案例（“酸”、“硬于”、“磁铁”）中进行考察的术语，都被解说成代表非定量概念的。依此，操作标准并没提供酸度、硬度和磁强，不过操作定义的准则也可以明确地运用于刻画诸如“长度”、“质量”、“速度”、“温度”、“电荷”等这样的术语，它们代表赋有数值的定量概念。这里，操作定义被看作在特别场合下为决定特定量的数值的一种特别程序。这就是说，操作定义具有测量规则的特征。

因此，“长度”的操作定义可以规定一个包含用硬的测量杆来决定两点之间距离的长度的程序。温度的操作定义规定怎样用水银温度计来确定一个物体（如一种液体）的温度。

在任何操作定义中，操作程序必须这样选择，使任何有能力的

90 观察者都能毫不含糊地加以实行，而其结果可以客观地加以确定而本质上不依赖于谁来进行这个检验。因此，在定义绘画的“美学价值”这个术语时，可能并不允许运用这样的操作教导：凝视这幅图画，注意从 1 到 10 的刻度范围里在你看来哪一个地方是这幅图画的最美之处。

操作主义者坚持要将毫不含糊的操作标准运用于所有科学术语，其目的之一就是要保证所有科学陈述的客观的可检验性。例如，试考虑下面这样一个假说：“冰的易碎度随着温度的降低而升

高。或者更精确地说，任意两块不同温度的冰，其低温的那块比另一块更易碎。”假定已规定了适当的操作程序来确定某一给定的物质是不是冰，以及测量或至少比较不同冰块的温度，这时，除非也获得了比较易碎性的清晰的标准，否则这个假说仍然没有明确的意义——它不能产生确定的检验蕴涵。“比……更易碎”或“增加易碎性”这些短语看来直觉上是很清楚的，这个事实并不足以使它们可被接受来做科学上的用途。但是，如果提出了如何应用这些术语的明确操作规则，这个假说就会在我们上面所说的意义上变成确实是可检验的。因此，适当地选择应用一组术语的操作标准，就会保证这些术语出现在其中的陈述的可检验性。[3]

相关联的，操作主义者们讨论道，应用缺乏操作定义的术语，无论它们看来在直觉上是怎样清晰与熟悉，它们都会导致无意义的陈述与问题。比如，我们前面讨论过的有关引力吸引是由于内在于自然的亲合性，这个断言就应该宣布为无意义的，这是因为人们没有提供自然亲合性这个概念的操作标准。类似的，在缺乏有关绝对运动的操作标准的情况下，有关地球，或者太阳，或者两者都“真正”运动着的问题，应该作为无意义问题来加以拒弃。[4]

操作主义的基本观念在心理学和社会科学的方法论思考上，产生了显著的影响，在这些学科里，人们十分强调需要为用于假说和理论的术语提供明确的操作标准。比如像智力高的人比智力低的人在感情上较不稳定，或者数学才能与音乐才能密切相关这些假说，除非获得构成这些术语的明确的应用标准，否则它们是不能客观地加以检验的。一种含糊的直觉的理解是不足以达到这个目的的，虽然它可以为规定客观标准的方式提供某种启示。

在心理学中，这样的标准通常是通过（智力的、情绪稳定性的或数学能力的以及其他的）测试来表达的。广泛地说，操作程序是由按某种规定来组织测试所组成，而测试的结果则在于被测主体对于或多或少是客观的和精确的程序所做出的反应，或者，通常是这些反应的某种质的或量的总结或评价。例如，在罗沙克测试中，比起斯坦福-比奈智力测试，对于主体反应的评价方面更多依赖于在判断方面逐步获得的能力而更少依赖于精确的外在标准。因此，从操作主义的观点看，罗沙克测试比起斯坦福-比奈测试更不能令人满意。在对心理分析的理论化的主要反对意见之中，有一些就涉及心理分析的术语缺乏适当的应用标准以及随之而来的从这些术语在其中起作用的假说推导出毫不含糊的检验蕴涵的困难。

操作主义所张贴的警告曾经明显地刺激了科学哲学和科学方法论的研究。它们在心理学和社会科学研究程序上同样施加了强烈的影响。不过，正如我们将要看到的那样，一个太过分的有关科学经验特征的操作主义的说明会掩盖科学概念的系统的和理论的方面，以及概念表述与理论表述之间的强相互依赖。

7.3 科学概念的经验含义和系统含义

操作主义认为，一个术语的意义完全地而且唯一地由它的操作定义决定。因而，布里奇曼说："当用以测量长度的操作固定下来之后，长度的概念也就固定下来了。这就是说，长度的概念所包含的，不多不少正是用以决定长度的一组操作。一般说来，我们用概念来意指的正是一组操作；概念是与之相对应的一组操作的同义语。"[5] 这种观点蕴涵着一个科学术语只有在这些经验情况的范围内才有意义，在这范围里"定义"这些术语的操作程序能够实现。例如，假定我们用划痕来建立物理学，并用坚硬的测量杆测量直线距离这一操作来引进"长度"的术语。这时，"这一圆柱体的周长有多长"的问题，或者对该问题提供回答的陈述句就不赋予任何意义，因为用直杆来测量长度的操作明显地不能运用于这一场合。如果长度概念在这种语境下要具有确定意义的话，就必须规定一个新的和不同的操作标准。我们可以这样做：约定用一条很柔软但又不会伸长的线带，紧紧环贴那圆柱体，然后用坚硬的杆来测量这线带

92

的长度，以这种方式来测量圆柱体的周长。类似的，我们原先测量长度的方法不能测量地球之外的物体之间的距离。操作主义又告诉我们说，如果有关这样的距离的陈述要有确定的意义，则必须规定适当的测量操作。其中一种可能就是光学的三角测量法，类似于用观测来决定地面上的距离的方法。另一种可能就是发射雷达信号，从地球外的物体反射回来，计量所占用的时间。

对于这种附加操作标准的选择，自然要服从于这样的重要条件，它可以称为**一致性要求**：每当两个不同的程序都可使用的时候，它们必须产生同样的结果。例如，在一个建筑场地上，我们用坚硬的测量杆和光学的测量法度量两个标杆之间的距离时，所获得的数值必须相等。或者设温度的刻度开始是用水银温度计上的读数来“做操作定义”的，然后扩展到利用酒精的较低冰点，用酒精作为测温液，这时我们必须能够确定，在两种温度计都可以应用的范围里，它们给出相同的读数。

但在这一点上，布里奇曼引进另外的考虑：两种测量操作，在它们都可运用的范围内产生同样结果，这件事具有一个经验概括的特征。因此，即使这一发现来自细心的检验，它也可能为假。基于这个理由，布里奇曼认为，将两个操作程序当作决定一个以及同一个概念是不“安全”的：不同的操作标准应该看作刻画不同的概念；并且理想地应该用不同的术语来指称它们。例如，“触觉长度”与“光学长度”可以分别地用来指称用测量杆来确定的量以及用光学三角法来确定的量。类似的，我们必须区分水银温度和酒精温度。

93

但是我们现在将会看到，这种支持论证很难保证能得出这种激烈的结论，这种论证过分强调一种有关科学术语需要毫不含糊的经验诠释，并且对于我们所说的科学术语的系统含义没有作出适当的说明。假定我们按布里奇曼的准则，区分了触觉长度和光学长度并经过细心的检验，建立一种推定规律，对于两种测量程序都可运用的任何物质间隔，这两种长度具有相同的数值。假定我们随后发现一些条件，在这些条件下这两种程序产生不同的结果，我们将必须放弃我们的推定规律，但我们仍可继续运用“触觉长度”和“光学长度”这些术语而不改变它们的意义。

但是，我们要问：如果与布里奇曼的准则相反，这两种操作程序被解释为测量一个和同一个量，简单地称它为“长度”的不同方法，则上述产生不一致结果的情况的发现意味着什么？因为两种程序的一致性要求被违反，必须放弃其中的一个标准，我们可以继续运用“长度”一词，不过要附加一种修改过的操作诠释。

此外，还有一种更严重的反对意见，即我们很难甚至不可能严格按照布里奇曼的准则办事。在某一个研究领域里，随着定律以及最终理论原理的逐步建立，它的概念之间以及与先前所获得的概念之间以各种不同的方式相互联结。这种联结经常提供非常新的应用“操作”标准。例如联结金属丝的电阻与其温度的定律允许建构一个电阻温度计；把常压下气体的温度与其体积联系起来的定律则成为气体温度计的基础；热电效应可以用来建构一种称为热电测温计的装置；光学高温仪可以借助于测量一个高热物体发放出来的辐射亮度，来决定该物体的温度。与此相似，定律和理论原理为测量距离提供了多种多样的方法。因此，气压随高度的增加而合乎规律地减少，成了制造飞机中所使用的气压式高度计的基础；水下距离常根据确定声信号的传播时间来测量；较小的天文距离用光学三角测量法或雷达信号来测量；球状星团和银河系的距离，根据定律，可以根据那些星系中变星体的周期与外表亮度推算出来。而对于极为微小的距离的测量可以使用光学显微镜、电子显微镜、光谱计量程序、X 光衍射法以及其他许多方法，并且预设了这些计量方法的理论。布里奇曼所提示的准则迫使我们区分相应的种种温度和长度的概念。而上面所列举的还远未达到完全的程度。即使是使用结构上稍为不同的气压计来测量高度，或者使用不同的显微镜来决定细菌的长度，严格说来，也是决定不同种类的长度，或不同的长度概念，因为它们在操作细节上总有某种程度上的差别。所以说，上述操作主义的准则迫使我们承诺长度概念、温度概念以及其他所有的科学概念的增生繁殖，这在实践上虽然并不是无法处理，可是在理论上却是无边无际。而这一点会破坏科学的一个主要目标，即对于经验现象获得一个简单的、系统的统一说明。

科学的系统化，要求运用定律或理论原理，在借科学概念来描述的经验世界的不同方面之间，建立各种各样的关联。因此，以定律和理论原理为线的系统在相互联系的网络中，科学概念是一些结点。那些构成种种不同的测温方法的基础的定律，可以看成用来将温度这一概念与其他概念结点联结起来的“律则线”。收敛于概念结点的或由此发出的线愈多，则那一概念的系统化作用或它的系统含义就愈强。而且，在概念经济的意义上，简单性是一个良好科学理论的一个重要特征。大体上说来，对于同一论题在比较经济的理论系统中的那些概念的系统含义，要比在较不经济的理论中的概念的系统含义要强。

因此，对系统含义的考虑与不同操作标准决定不同概念的准则所要求的概念增加发生强烈的对抗。实际上，在科学理论化中，我们并不能找到诸多由自己的操作标准来描述的（比如说）不同长度概念之间的区别。物理理论倒是建构了有关长度的一个基本概念以及在不同情况下测量长度的各种各样的或精或粗的方法。理论的考虑通常会指出一种测量方法是在什么范围里可以应用及其精确程度。 *95*

另外，一个定律系统的发展，特别是一个理论的发展，常常导致对原来所作某些中心概念的操作标准的修改。例如，对于长度的操作描述，就至少必须规定一个测量单位。规定测量单位的一个标准的方法是在一根金属棒上刻上两个记号，指明其间的距离为单位的定义。可是物理定律和理论原理指出，这两个记号之间的距离会随着这根棒的温度以及任何施加于其上的压力的变化而变化。为确保长度的统一标准，就在原初的定义上，进一步加上某种条件。例如，一公尺这一长度是用国际米原器上两个记号之间的距离来做定义。该米原器是由铂铱含金制成的具有独特的 X 形横截面的金属棒。依定义约定，当该棒处在冰熔点，并且用两个在同一水平面并且相距 0.571 公尺的滚轴，与该棒成直角对称地支持它的时候，那两个记号之间的距离就是一公尺。那种特殊的横截面设计是用来保证该棒的最大精密度；而对于要如何支持着它的规定，则是考虑到下弯会稍微改变两个记号之间的距离；而理论的分析表明，规定滚轴的放置位置，指在稍微改变它的位置会使记号之间距离不受影响的意义上是最优的。[6]

现在我们来考虑另一个例子。一个用来测定时间的最早和最重要的标准，是基于太阳与恒星的表观运动的齐一性而提供的。某一个天体连续两次呈现于同一外观位置（例如太阳位于天顶）经过的时间记为一个时间单位。更小的时间单位则用日晷、沙漏钟、滴漏钟以及后来出现的摆钟“在操作上”加以刻画。值得注意的是，在这一个阶段，追问两个不同太阳日或某个摆的两个全摆动之间是否“真正”是有相等的时间间隔，这个问题是没有意义的。操作主义正确地提醒我们，在这个阶段，由于上述的特别标准是用来**定义**等时距的，它所定出的时间周期是否相等的问题只能得到平庸的回答：按定义所约定，是的。断言它们相等并不是做出一个我们在其中会犯错误的经验事实的陈述。

96

不过，随着包含时间概念在内的物理学定律和理论的建构并逐渐精确，它们会引致对原初操作标准的修改。例如经典力学蕴涵着摆的周期依赖于它的振幅。日心说用地球的每日自转与它绕日的周年公转来说明天体的表观运动。当日心说与牛顿理论结合起来时，就说明即使地球转速不变，不相同的太阳日也具有不相等的时间间隔。不过潮汐摩擦以及类似的因素，使我们有理由假定地球的每日转动实际上应是慢慢地减速着。基于古代日食发生时间的记录与从现时的天文资料回溯计算该时间的比较，为这个假定提供了支持。因此，原先用来测量时间的过程只能看作提供一种近似正确的测量。最后，新的以及很不相同的系统，如石英钟与原子钟，根据理论的理由被采用，作为提供更精确的时间尺度。

但定律或理论怎样才能指出由它所建构的各种术语的操作标准的不精确呢？这些标准不是必须预设和运用来对这些定律或理论进行检验吗？这个过程可以用造桥来作比较：要造一座跨越河流的桥，我们首先要将桥置于浮桥之上，或者置于沉入河底的临时支架之上，然后以这个桥作为平台，改进甚至更换桥基，然后调整与扩建这些上层建筑，以建立一个更加巩固和结构上更加健全的总体系统、科学定律和理论可能建立在借助于原初采用的操作标准而获得的资料之上，但它们并不精确地适合于这些资料；正如我们已经看到的，其他的考虑，包括系统的简单性，在采用科学假说时起到重要的作用。由于这样被接受的定律或理论原理，至少试探性地被用来正确地表达出现于其中的各种概念之间的关系。因此，将原先的操作标准看作只为这些概念提供近似的描述就不足为奇了。

所以，操作主义所正确地极力强调反映于清晰的应用标准中的经验含义并非科学概念唯一需要的东西。系统的含义是另一个不可或缺的需要。正因为这样，理论概念的经验诠释可以改变以加强理论网络的系统效力。在科学研究中，概念的形成与理论的形成是并肩前进的。 *97*

7.4　论“操作上无意义”问题

为了说明操作标准的关键性的应用，布里奇曼讨论一个有趣的问题，这个问题关系到，在绝对长度的尺度上是否有不可探测的变化的可能性。难道宇宙中的所有距离不可能以每 24 小时增加一倍的方式平稳地改变吗？[7] 这种现象是永不可能由科学来探知的，因为用于操作决定长度的尺也会以同样的比率伸展。因此，布里奇曼宣布这样的问题是无意义的：正如操作标准所断言的，不存在这样的宇宙膨胀；这种主张尽管可能发生，但不能为我们所知，永远不能被我们探测到，它简直毫无操作意义，没有借测量操作可检验的结果。

但是，当我们考虑，在物理学中长度的概念并不是孤立地被使用的，而是在连接各种其他概念的定律和理论中起作用，则这个评价必须改变。而如果宇宙膨胀的与其他作为辅助假说（见第三章）的物理原理相结合，则它真的会产生可检验蕴涵并从而不再是无意义的了。例如，如果这个假说是真的，则声信号在两点之间（例如在湖的两岸之间）往返所需的时间每 24 小时也增加一倍，而这将是可检验的。但假定我们用一个附加假定，假定声信号以及电磁信号在所有的距离中精确地以同一速率增加来修改上述假说又会怎样呢？这一新的假说仍然有检验蕴涵。例如，如果我们假定宇宙膨胀并不影响恒星（比如说太阳）的能量输出，则在任意 24 小时的周期里，它们的亮度将会减少到初始值的四分之一，因为在这段时间里，它们的表面扩大四倍。因此，一个孤立起来看的假说提供不了操作检验可能性这个事实并不能给出充分的理由，将它看作没有经验内容或没有科学意义的东西而拒弃它。相反，我们必须在一个陈述在其中起作用的其他定律和假说的系统脉络中来考虑这个陈述，并且我们必须检查在那种脉络里它可能具有的检验蕴涵。这一程序绝不会将所有可能提出的假说都当作有意义的假说。其中，我们上面讨论过的有关活力的假说以及有关宇宙的自然亲合性的假说，仍在排除之列。

98

7.5 诠释性语句的特征

我们对于操作主义的考虑是由这样的思想唤起：如果一个理论可运用于经验的现象，则它的特征性的术语必须借助先前获得的前理论词汇来做适当的诠释。我们的讨论已经表明，这样一种诠释的操作主义的构想虽然提供了有帮助的启示，可是还需作明显的修正。特别是，我们必须拒绝这样的概念，认为科学概念与一组操作是“同义的”。因为：第一，对于一个术语，可能存在而且经常存在着好几种替代性的应用标准，它们基于不同的操作集合。第二，为要理解一个科学术语的意义并适当地运用它，我们还必须知道它的系统地位，这种系统地位由它在其中起作用，并将它连接到其他理论词中的理论原理来加以指明。第三，一个科学术语不能被认为“同义于”一组操作，意即它的意义不能由这组操作来完全决定。因为正如我们已经看到的那样，任何一组检验操作只在一个有限的条件范围里提供一个术语的应用标准，例如，用一根测量杆或一个温度计所做的操作只是对“温度”与“长度”这些词的部分诠释；对于每一个都只能运用于一个有限的环境范围。

虽然，在这一方面操作标准没有说及一个完全定义所要求的那么多，但在另一方面，它们说得更多，的确是太多了，以至于无法建构通常所理解的定义。通常一个规定性定义被设想为一个这样的语句，它仅仅规定它意义而不附加任何事实信息，以此来引进一个方便的术语或缩写的符号。但是，对于同一术语的两个操作标准，如果它们的应用范围是相交的（这是常有的事），则这些标准都有经验蕴涵，这可以从我们前面有关可供选择的操作标准的一致性要求的观察中推出。对于同一个术语来说，如果不同的检验程序被采用应用标准，则从这些标准的陈述中可以推论出，当多于一个检验程序可应用之时，这些程序会产生同一的结果；同时，这个蕴涵具有经验概括的特征。我们前面考虑过这样的陈述，表示在两种测量程序都可使用的所有情况下，“光学”长度和“触觉”长度在数量上是相等的，这就是一个例子。另一个例子是这样陈述的，在水银和酒精都是液体的范围里，水银温度计的读数与酒精温度计的读数在数量上都相等。这样的陈述是基于下面这一设想而来，即两种温度计都能用作温度的操作决定。总之，为科学术语提供应用标准的诠释语句，通常都是一个定义的约定功能与经验概括的描述功能两者的结合。 *99*

但仍有另一个有趣的和重要的方面，在其中诠释性语句与我们前面考虑过的意义上的定义不同。科学术语常只用于表达某些特征形式的措辞或短语中。例如，划痕检验所表征的硬的概念，只用于“矿石 m_1 硬于矿石 m_2”这样的表达形式以及可由这样的表达式来定义的其他短语里。在这种情况下，我们只要对这些特征性的表达有一种诠释就足够了。在我们的例子中，这样的一种诠释就是由划痕检验来提供，这种划痕检验给“m_1 硬于 m_2”提供经验意义，而不是给“硬”这个术语自身，也不是给“矿石 m 是硬的”或“矿石 m 是如何如何硬”提供经验意义。

那些完全规定给定术语所在的特定语境的意义的陈述叫做脉络定义，以区别于所谓明言定义。例如，“酸”与“提供氢离子的电解液”有相同的意义。类似的，我们则可以说，对于科学理论，诠释语句通常给理论术语提供脉络的诠释。例如，测量长度的不同方式并不诠释“长度”这个词本身，而只是用来诠释“在 A 点与 B 点间的距离的长度”以及“线 L 的长度”这些短语。同样的，测量时间的标准并不阐明一般时间的概念等。在某些理论概念的例子中，只有非常特别、非常有限的脉络语境可以允许提供一种可供实验检验作基础的诠释。以“原子”、“电子”、“光子”这些术语为例。真的有可能提供“电子”这个术语的理论定义，这就是使用其他理论术语为“电子”这个术语下定义（如“电子”是指静止质量为 9.107×10^{-28} 克、电荷为 4.802×10^{-10} 静电库伦，且自旋为二分之一单位的基本粒子），可是这个术语的操作定义是什么呢？当然，对于决定“电子”一词是否可运用于特定客体，即决定这个客体是不是一个电子来说，我们不能期望能给出操作的规则。但是，我们能够为含有“电子”这个术语的某类陈述，诸如“绝缘金属球表面存在着电子”，“电子正从这一电极中逃逸”，“云室中的凝结行踪标示着电子的轨线”等，表达出一种脉络诠释。类似的评介也可运用于电场和磁场的概念。可以为探知电场或磁场的结构以及它们在特定区域的强度表述出操作标准，这些标准指称着探测的行为，

粒子在场中运动的轨迹，导线穿过这些场时电流的流动，等等。但 100
这样的检验只在比较特殊的、实验上有利的类型的场的条件下才能获得。例如，在足够大的区域里的同质场中，或超越某个距离的强梯度下，以及诸如此类的条件。表达某种理论上可能的但有高度复杂的场条件（也许包括非常短程的场变化）的陈述就不会有特殊的操作上可检验的蕴涵。

现在的情况已经清楚，科学理论的术语不能设想成具有有限数目的特别操作标准，或更一般地说具有有限数目的附于其上的诠释陈述。因为诠释性语句被认为要用来决定，其中包含被诠释术语的语句可以被检验的方法。这就是说，当诠释性的语句与包含被诠释术语的语句结合起来时，它们就能产生用先前已获得的词汇来表达的检验蕴涵。因此，借助于划痕检验做出的有关硬的操作诠释容许从"m_1 硬于 m_2"的表达语句中导出检验蕴涵。又如，基于石蕊试纸检验所做的诠释，也可以为"液体 L 是一种酸"这样形式的语句，先做同样的工作，等等。现在有各种各样的方式，在其中包含科学理论术语的语句可得到检验（或通过这些方式获得检验蕴涵），这些方式是由理论的桥接原理决定的。这些原理，正如我们在第六章所看到的，将理论假定的特征实体和过程与可以用前理论术语描述的现象联系起来，从而将理论词与先前业已理解的东西联系起来。但这样的桥接原理并不派给理论术语以某种有限数目的应用标准。再考虑一下"电子"这个术语。我们知道，并非每一个包含这个术语的语句都有有限个分派给它的检验蕴涵。而包含这个术语并由此产生检验蕴涵的各种语句却是无限多样的。如果认为与之相对应的检验多样性只适合于两个、七个或二十个有关"电子"术语的不同的应用标准，这就未免太过武断了。因此，这是我们必须放弃用有限数目的操作标准来个别地诠释一个理论术语的观念，而代之以一组桥接原理，它们并不是个别地来诠释理论术语，而是通过为包含一个或多个理论术语的陈述句，确定一个无限多样的检验蕴涵来提供一种同样无限多样的应用标准。

【注释】

［1］对这个观点的更为详细的论述，参见 S. 巴克斯：《数学哲学》，22～26、40～41 页。

［2］布里奇曼首次提出的，现已成为经典的表述，见他的著作《现代物理学的逻辑》（纽约：麦克米兰公司，1927）一书。

［3］这个断言要受到一定的限制，它关系到所研究的陈述的逻辑形式是什么，不过在有关操作主义的一般讨论中，可以加以忽略。

［4］关于这一点，霍尔顿和罗勒在他们合著的《现代物理学基础》第 13 章第 3 节、第 4 节提供了很多有趣的进一步的说明和评论。同时，读者还可能发现，本书鼓励人们从操作主义的优点以及可检验性的要求来检查布里奇曼提出的一些引人注目的问题在科学上的重要性，布里奇曼在《现代物理学的逻辑》一书第 1 章接近结尾的地方提出了这些问题。

［5］布里奇曼：《现代物理学的逻辑》，5 页（加点字为布里奇曼所标）。

［6］对细节的和根本理论考虑上的说明，见诺尔曼·费瑟著《质量、长度与时间》（马里兰巴尔的摩：企鹅丛书，1961，第 2 章）。

［7］这一表述比布里奇曼（《现代物理学的逻辑》，28 页）的表述略为具体些，但关键之点并无改动。

第 8 章

理论的还原

8.1　机械论和活力论的争论

我们前面考察过新活力论，这种学说认为，生命系统的某些特征（其中包括它们适应性的和自我调整的特点）不能单用物理学的和化学的原理来解释，而必须用一种在物理科学中不知道的新因素即隐德来希或活力来加以说明。更仔细的考虑表明，新活力论者所使用的隐德来希概念不能给任何生物学现象提供解释。然而，引导我们得到这个结论的理由并不能自动地勾掉活力论的基本思想，即认为生物系统与过程在某些基本的方面，不同于纯粹的物理—化学系统与过程。这种观点遭到被称为机械论的主张的反对，机械论宣称，生命有机体不是别的，只不过是非常复杂的物理—化学系统（虽然并非如老牌“机械论”一词所提示的那样是纯粹机械系统）。这些相互冲突的概念，曾是广泛而热烈的争论的主题，它们的细节我们在此不能加以考察。但是显然，仅当论战双方主张的意思能够搞得充分清楚以表明到底哪些种类的论证和证据能与所讨论的问题有关并怎样才可解决它们的争端时，这个问题才能得到有成效的讨论。我们现在将要考察的，正是这个澄清相互冲突的概念的意义的典型哲学问题；我们对这个问题思考的结果，也将对解决这场争端 101

的可能性产生一定的影响。

表面上看来，这场争论涉及的问题是生命机体是否“仅仅”是或完全是物理—化学系统。但是说它们是又是什么意思呢？我们刚刚做的导言中提示，我们把机械论解释为提出下列两个主张的学说：（M_1）生命有机体的所有特征都是物理—化学特征——它们可以完全用物理学和化学概念的术语来描述；（M_2）能够被理解的生命机体行为的所有方面都能够用物理—化学的定律和理论来加以解释。

关于第一个断言，非常清楚，现在无论如何对于生物学现象的描述，不仅要求使用物理学和化学的术语，而且也要求使用在物理—化学词汇没有出现的特殊生物学术语。以这样的陈述为例：在细胞有丝分裂的第一阶段，在正在分裂的细胞核中，发生了染色体的收缩；或者以较少专业性的陈述为例：受精鹅蛋在得到适当孵化时，会产生出一只小鹅。命题 M_1 蕴涵着，在这里提及的生物学实体和过程——小鹅、鹅蛋、细胞、细胞核、染色体、受精以及有丝分裂——都能够完全用物理—化学术语来表征。这种主张最令人感到似乎可能的解释是相应的生物学术语“小鹅”、“细胞”等可以借助取自物理和化学的词汇中的术语来定义。让我们将 M_1 的这种更特殊的形式叫做 M'_1。同样，如果所有的生物学现象——尤其是所有用生物学规律来表达的一致性——都能用物理—化学原理来解释，则所有的生物学规律必能从物理学和化学的定律和理论原理中推导出来。这个论点——让我们称它为 M'_2——的确可以看作 M_2 的一种更为特殊的形式。

陈述 M_1 和陈述 M_2 结合起来，表达了我们常称之为从生物学到物理学和化学的可还原性论题。这个论题均涉及有关学科的概念与规律：一个学科的概念可还原为另一个学科的概念被看作可用后者定义前者；同样，规律的可还原性被解释为可推导性。因此可以说机械论断言生物学可还原为物理学和化学。否认这种主张的论点，有时被称为生物学自主性论点。或更适当地被称为生物学的概念和原理的自主性论点。因而新活力论确认生物学的自主性并且用它的活力说来补充这种主张。现在，让我们更详细地考察一下这些机械论论点。

8.2　术语的还原

当然，关于生物学术语可定义性的论题 M_1'，并不意味着断言，有可能用任意规定定义的办法将物理—化学的意义赋予生物学术语。它认为生物学词汇中的术语有自己确定的专门意义是理所当然的，但它断言在我们必须努力加以澄清的某种意义上，这些术语的含义能借助物理学和化学的概念充分表达出来。因此，这个论点肯定了我们在第七章中泛指的可用物理—化学术语对生物学概念作"描述性定义"的可能性。但是几乎不能期望这里所说的定义是分析的定义。因为宣称对于所有的生物学术语——如"鹅蛋"、"网膜"、"有丝分裂"、"病毒"、"激素"等——都有一种物理—化学术语的表达，如同说"配偶"与"丈夫和妻子"有相同的意义或者是同义的那样，那显然是不正确的。甚至称呼一个能够规定它的物理—化学同义词的生物学术语，也是非常困难的；用机械论主张的说明来强加给机械论是荒谬的。但是描述性定义也可以在不太严格的意义上来理解，即不要求定义项与被定义项有相同的意思或内涵，而只要求它们有相同的外延或应用范围。在这种情况下，定义者明确规定了一些条件，这些条件为而且只为被定义项所应用的所有事例所满足。一个传统的例子是用"无毛的两足动物"来定义"人"；它并不断言"人"这个词与"无毛的两足动物"的词组有相同的意思，而只是断言它们有相同的外延。"人"这个词应用于并且只应用于无毛两足动物那些事物，或者说，作为一个无毛两足动物是作为一个人的必要和充分条件。这类陈述可以称为外延定义，它们可以图式表达在下列的形式中：

103

……与……有相同的外延

机械论者可以用来证明和支持他关于生物学概念的主张的定义就是这种外延型的定义。这种外延型定义为生物学术语的可应用性表达了必要的和充分的物理—化学条件，因而它们往往是非常困难的生物物理和生物化学研究的成果。这可以用它们的分子结构来表征青霉素、睾丸酮以及胆固醇之类的物质作为例证——这是用纯粹化学术语“定义”生物学术语的一项成就。可是，这些定义并不是旨在表达生物学术语的意义。例如，青霉素这个词的原始意义，必须通过把青霉素表征为 *penicillium notatum* 这种真菌所产生的抗菌物质来表示；睾丸酮原来定义为睾丸产生的男性激素；等等。用它们分子结构来表征这些物质并不是通过意义分析，而是通过化学分析达到的；其结果乃是一个生物化学的发现而不是一个逻辑的或哲学的发现，它是用经验规律来表达的，而不是用同义词的陈述来表达的。事实上，承认这种化学上的表征是生物学术语的新定义，不仅包含意义和内涵的改变，而且也包含外延的改变。因为化学标准把一些不是由于有机系统产生的，而是在实验室中合成的某些物质也看作青霉素或睾丸酮。

104

然而无论如何，这些定义的确定要求经验的研究。所以我们必须得出结论：一般说来，一个生物学术语“能”否单用物理学和化学的术语来“定义”，不能只靠对它的意义进行沉思来解决，也不能用其他非经验的程序来解决。因此命题 M'_1 不能以先验的理由肯定或否定，即不能由“先于”——或更恰当地说独立于——经验证据的考虑来肯定或否定。

8.3 定律的还原

现在我们转到我们对机械论的分析中的第二论点 M'_2，这个论点断言生物学的定律与理论原理能从物理—化学的定律和原理中推导出来。很清楚，从完全用物理学或化学术语表达的陈述中进行逻辑演绎不会引出特征性的生物学特有的定律，因为这些生物学定律必须也含有生物学特有的术语。[1]为了获得这些定律，我们需要某些附加的前提，以表达物理—化学特征和生物学特征之间的联系。这里的逻辑境况和用理论解释的逻辑境况是相同的，在后一场合，为了推导出完全能用前理论术语来表达的结论，除了内在的理论原理外，还需要桥接原理。从物理—化学定律中演绎出生物学定律所要求的附加前提，必须包含生物学术语和物理—化学术语两者，并且具有将现象的某些物理—化学方面和某些生物学方面连接起来的定律的性质。这种连接陈述句可能采取我们刚才考察过的定律的特殊形式，它为生物学术语的外延定义提供了基础。实际上，这样一个陈述断言：某些物理—化学特征（如某一种物质有如此如此的一种分子结构）的存在对于某些生物学特征（如作为睾丸酮）的存在既是必要的也是充分的。其他的连接陈述可以表达对于给定的生物学特征说来是必要的但不是充分的或是充分的但不是必要的物理—化学条件。"哪里有脊椎动物，哪里就有氧"和"任何神经纤维传导电脉冲"的概括属于前一种类型。神经毒气（用它的分子结构来表征）阻断了神经活动并因此导致人的死亡这个陈述属于第二类。还可设想其他各种不同类型的连接陈述。

从物理—化学定律推导出生物学定律的一个非常简单的形式可用公式描述如下：令"P_1"、"P_2"为只含物理—化学术语的表达式。并令"B_1"、"B_2"为含有一个或多个生物学特有术语（以及也可能有物理—化学术语）的表达式。令陈述"所有的 P_1 是 P_2"为一物理—化学定律——我们称它为 L_p——并令"所有的 B_1 是 P_1"和"所有的 P_2 是 B_2"为连接定律（第一个定律说明 P_1 类物理—化学条件对于生物学状态或条件 B_1 的出现是必要的；而第二个定律说明物理—化学条件 P_2 对于生物学特征 B_2 来说是充分的）。由此，我们容易看出，一个纯粹的生物学定律能合乎逻辑地从物理—化学定律 L_p 加上连接定律即"所有的 B_1 是 B_2"（或"每

当有生物学特征 B_1 出现，就有生物学特征 B_2 出现”）中演绎出来。

因此，一般地说，生物学定律能借助物理—化学定律解释到什么程度，取决于合适的连接定律能被证实到什么程度。而这又不能是用先验论证来决定的，答案只有用生物学的和生物物理的研究才能找到。

8.4 再论机械论

现有的物理学和化学理论以及连接定律肯定不足以将生物学的术语和定律还原为物理学或化学的术语和定律。但这个领域的研究工作正在迅速发展，生物学现象的物理—化学解释的范围正在稳步地扩大。因此，人们可以将机械论看作这样一种观点，这种观点认为，在今后进一步的科学研究过程中，生物学终将还原为物理学和化学。不过作这样的表述要求小心谨慎。在我们的讨论中，我们已经假定，以物理学和化学术语为一方，以生物学特有的术语为另一方，两者之间能够作出清楚明确的区分。的确，如果给我们一些常用的科学术语，我们可能毫无困难地以直觉的方式来判定它是否属于这一种或者另一种词汇，或者不属于任何一种。可是要表述出一个明确的一般标准，借助这个标准，任何现在使用的以及将来可能引进的科学术语都能毫不含糊地归属于某一特定学科的特有词汇，那是十分困难的。实际上也许不可能给出这样的标准。因为在未来的假定过程中，生物学和物理学、化学的分界线可能会变得模糊不清，一如今天的物理学和化学之间一样，将来的理论很可能用新类型的术语来表达，这种术语在既为现在称之为生物学现象也为今天称之为物理学或化学现象提供解释的综合性理论中起着作用。对于这类综合统一的理论，物理学—化学术语和生物学术语的划分也许不再适用了，并且将生物学最后还原为物理学和化学这个概念本身也将失去意义。

106

然而，这样一种理论的发展，至今仍未实现；而与此同时，机械论也许最好不要解释成为一种关于生物学过程性质的特有论点或理论，而解释成一种有启发性的格言，一种指导研究的原则，这样理解，它就会嘱咐科学家坚持关于生物学现象的基本物理—化学理论的研究，而不是听从自己去受那种关于物理学和化学对于为生命现象提供一种适宜的说明无能为力这种观点的支配。在生物物理和生物化学的研究中坚持这个格言已肯定证明取得了极大的成功——这是一张生命的活力论观点所不能匹敌的信任状。

8.5　心理学的还原，行为主义

可还原性问题也发生在除了生物学以外的科学学科里。特别有意义的是心理学的情况，在那里还原问题直接关系到著名的心理—物理问题即身心关系问题。粗略地说，心理学的还原论认为：所有的心理现象在性质上基本上就是生物学的或物理—化学的现象；或者更确切地说，心理学特有的术语和定律都可以还原为生物学的、化学的以及物理学的术语和定律。这里的还原是在前面已经定义过的意义上来理解的，我们对于这个题目的一般评论也可应用于心理学的情况。例如，心理学术语的还原“定义”要求规定这样的生物学或物理—化学的条件，这些条件对于心理学术语所表示的精神特征、精神状态和精神过程（如智力、饥饿、幻觉、梦）的产生来说既是必要的又是充分的。而心理学定律的还原要求既包括心理学术语也包括生物学或物理—化学术语的合适的连接原理。 107

某些表达一些心理状态的充分或必要条件的连接原理确实已经有了：剥夺一个人的食物、饮料或休息机会对于产生饥饿、渴、疲劳来说是充分的；服用某些药物对于产生幻觉来说也许是充分的；某种神经联系的存在对于产生某些感觉和视觉知觉来说是必要的；给大脑供应适当的氧对于精神活动并且实际上对于意识来说是必要的。

心理状态和心理事件的一种特别重要的生物学指标或物理学指标是心理学状态和事件所属的个人的大家可观察的行为。这些行为可理解为包括两类：一类是大范围的可直接观察的表现，如身体的运动，面部表情，脸红，言语声调，完成一定任务（如在心理学测试中）的动作等；另一类是比较精细的反应，如血压和心跳的变化，皮肤的传导性的变化以及血液化学的变化等。例如，疲劳可以表现于语言表达（“我累了”等）中，也可以表现在完成一定任务的动作的速度和质量下降上，表现在打呵欠以及其他生理变化上；某些感情的和情绪的过程伴随着如“测谎器”所测得的明显的皮肤阻抗的变化；一个人所持的爱好和对价值的看法表现在当提供某些有关的选择时他的反应方式上。他的信念表现在他所发出的语言声调中，也表现在他的行动方式上——例如一个司机相信此路不通这种信念可以通过绕道而行表现出来。

处于一定的心理状态，或具有一定心理学特性的主体，在适当的“刺激”或“测试”情景中易于表现出某些独特种类的“公开”（大家可观察的）行为，在心理学中广泛地被用作心理学状态或性质存在的操作标准。对于智力或对于内省来说，测试情景可以是给主体提出一组适当的问题；而反应就是主体作出的回答。某一动物的饥饿驱动强度会表现于诸如过量唾液分泌、动物为获取食物所经受的电击强度、它所吞咽的食物的数量等行为特征上。在刺激和反应可以用生物学或物理—化学术语描述的限度内，所得的标准可以说用生物学、化学和物理学的术语对心理学术语提供部分的意义规定。虽然这些标准常被说成是操作定义，它实际上并没有为这些心理学术语确定必要的和充分的条件，其逻辑境况非常类似于我们在考查生物学术语对物理学和化学词汇的关系中所遇到的情况。

108

在心理学中，行为主义是一个有影响的学派，在行为主义的所有不同形式中，都有一个基本的还原主义的方针；在或多或少严格的意义上，行为主义试图将关于心理学现象的论述还原为关于行为现象的论述。有一种形式的行为主义，特别关心保证心理学假说与理论客观的公共的可检验性，它坚持，所有的心理术语必须有表达在行为术语中的规定得清楚的应用标准，心理学的假说与理论必须有涉及大家可观察的行为的检验蕴涵。这个思想学派特别拒绝完全依赖诸如内省法那样的方法，内省法只有主体自身在对他的精神世界作现象学探索中才能使用；它不承认内省方法所揭示的任何“私人的”心理学现象——如感觉、感情、希望与恐惧等是心理学资料。

尽管行为主义者们在坚持认为心理特征、状态、事件的客观行为标准等方面意见一致，但对于心理现象是否与相应的、常常是非常难以捉摸的和复杂的行为现象有区别——对于行为现象是否仅仅是心理现象的公开表现，或者在某种明确的意义上，心理现象与某些复杂的行为性质、状态或事件是同一的——在这些问题上，他们意见就不一致（或者不表态）了。对心理学概念的哲学分析有着强烈影响的行为主义的一个新近变种认为，心理学术语虽然明显地涉及“内心”的精神状态与过程，事实上不过仅仅谈到行为的或多或少地错综复杂的那些方面——特别是在某些情境下以特有的方式行动的趋向或素质——的手段而已。按照这种观点，说一个人是聪明的就是说他倾向于以某些特有的方式行动或具有以某些特有的方式行动的素质，所谓某些特有的方式就是我们在一定环境下通常会称之聪明的行动方式。当然，说某人讲俄语，并不是说，他经常不断地说着俄语，而是说他具有作某种特定行为的能力，这种行为在一些特定的情景中显示出来，并一般地被认为是一个懂得和会说俄语的特征。想到维也纳、爱好爵士音乐、诚实、健忘、看某物、有某种需要等全都可以用类似的方式来看待。而用这种方式来看待这些问题——如这种形式的行为主义所认为的那样——就消除了心身问题那令人迷惑的方面，从而也就没有任何意义去寻求“机器中的幽灵”[2]，寻求隐藏于物理外观“背后”的精神实体和精神过程了。让我们考察一个类比，对于一只走得很准的手表我们说它具有非常

109

高度的准确性，说它有高度的准确性就是说它倾向于走得很准。因此，要查问那非物质的动因即准确性以怎样的方式作用于钟的机械装置，是毫无意义的；同样，去查问当钟停止走动时，准确性发生了什么事，也是毫无意义的。同样，按照这种行为主义的主张，查问是精神事件或精神特征怎样影响一个有机体的行为也是没有意义的。

这个概念对于澄清心理学概念的作用贡献极大，它在一般倾向上显然是还原主义的；它将心理学概念描述为提供一种谈及难以捉摸的行为方式的有效而方便的方法。然而，这种支持性论证不能证明，所有的心理学概念实际上都可用描述公开行为和行为素质所要求的那种非心理学概念来定义。其所以如此，至少有两个理由：首先，对于例如一个人能够“聪明地行动”的各种不同情景以及他在每一种这类状态中可以称得上聪明的某类特定的行动，能否概括在一个清晰的完全明确的定义中，这本身是值得怀疑的。其次，看来在公开的行为中显示出智力、勇气或恶意的环境和方式，不可能充分地用“纯行为主义的词汇”来陈述，这些“纯行为主义的词汇 ”包括生物学的、化学的以及物理学的词汇，也包括我们日常用语的非专业词语，如“摇头”、“伸开手”、“畏缩”、“做鬼脸”、“笑”等。看来，为了很好地表征用诸如“疲劳的”、“聪明的”、“懂俄语”等词所指出的行为模式的种类，或行为的素质和能力，心理学术语是必要的。因为，在一定情景中个人的公开行为是否有资格称之为聪明的、勇敢的、莽撞的、有礼貌的、粗野的等，并不单单取决于这种情景的事实是什么，而非常重要地取决于这个人对于他所处的情景知道什么或认为如何。一个人迈步走向躺着一只饿狮的灌木丛中，如果他不认为（因而不知道）灌木丛中有狮子，那就不算勇敢行为。同样，一个人在一定情景中的行为是否称得上是聪明的，取决于他对这种情景认为如何，以及他的行为所要达到的目标是什么。因而，非常明显，为了表征心理学术语所涉及的行为模式、趋向或能力，我们不仅需要合适的行为词汇，而且需要心理学术语。当然，这种考虑并不证明，将心理学术语还原为行为主义词汇是不可能的，但是它提醒我们，这种还原的可能性并没有由我们已考察过的那类分析而确立起来。

另一个被认为能将心理学最终地还原的学科是生理学，特别是神经生理学，但是，在我们前面指明的意义上的完全还原，也远非在望。

可还原性问题，也在社会科学中产生，特别是联系到方法论个人主义的学说。[3] 按照这种学说，所有的社会现象都可以用涉及这些现象的个体行动者的情景以及参照有关个体行为的规律和理论来进行描述、分析和解释。一个行动者“情景”的描述必须考虑到他的动机和信念，以及他的生理状态和他的环境中的各种生物学的、化学的以及物理学的因素。因此，方法论个人主义学说可看作蕴涵着这样的观点：社会科学的特殊概念和定律（在广泛的意义上包括群体心理学、经济行为理论等）可还原为个体心理学、生物学、化学和物理学。这个主张所引起的问题已超出了本书所讨论的范围。它们属于社会科学哲学，而我们在这里提到它，只是作为理论可还原性问题进一步的例证以及作为在自然科学和社会科学之间有着许多逻辑的和方法论的姻缘关系的一个例子。

【注释】

[1] 从一组前提中合乎逻辑地演绎出来的结论不可能含有任何“新”术语，亦即未在前提中出现的术语，这似乎是十分明显的。但情况并非如此。“在常压下，某一气体受热膨胀”这个物理学陈述在逻辑上蕴涵着“在常压下，某一气体受热，它就膨胀或者变成一群蚊虫”。因而，生物学陈述以这样的方式可单独从物理学陈述中演绎出来。但同样的物理学前提，也可以演绎出这些陈述：“在常压下，某一气体受热，它就膨胀或者不变成一群蚊虫”；“在常压下，某一气体受热，它就膨胀或者变成一只兔子”等。一般的，任何能从给定的物理学规律演绎出来的生物学陈述都具有这样的特色：如果出现在生物学陈述中的生物学特有的术语为它们的否定词或任何其他术语所取代，则这样的语句同样可从物理学的规律中演绎出来。在这个意义上，物理学规律不能为任何特定的生物学现象提供解释。

[2] 这一用语是吉尔伯特·赖尔发明的，他那令人鼓舞的并很有影响的著作《心

灵的概念》（伦敦：赫琴逊，1949）详细地提出了心理现象和心理表达方式的概念，这里这种概念在简短概述的意义上是行为主义的。

［3］关于这种学说的透彻讨论可见于 E. 奈格尔《科学的结构》一书，535～546 页。

进一步阅读的书目

下列书单中只包括少量精选出来的著作，但是，其中大部分著作都能为有关领域提供大量参考资料。

选集

A. 丹托和 S. 摩根贝斯尔编：《科学哲学》（平装本）

H. 菲格尔和 M. 布罗贝斯克等编：《科学哲学选读》

E. H. 玛顿编：《科学思维的结构》

P. P. 威纳编：《科学哲学选读》

个人著作

N. 坎贝尔：《什么是科学?》（平装本）

该书对定律、理论、解释以及测量作了通俗、浅显的说明。

R. 卡尔纳普：《物理学的哲学基础》

R. 卡尔纳普是当前最著名的逻辑学家和科学哲学家之一，他在这部著作中对科学哲学的课题作了引人入胜的广泛介绍。

P. 考斯：《科学哲学》

此书对有关科学理论化的主要的逻辑学的、方法论的以及哲学的观点，作了清楚而浅显的讨论。

A. 格伦鲍姆：《空间与时间的哲学问题》

这是一部高深的著作，书中用近代物理学和数学理论，对空间和时间的结构进行了非常丰富而细致的探讨。

N. R. 汉森：《发现的模式》

该书参考了物理学中古典的和现代的粒子理论，对科学理论的基础和作用进行了意味深长的研究。

C. G. 亨普尔：《科学解释面面观及有关科学哲学的其他论文》

包括论及自然科学、社会科学和历史编纂学中解释与概念形成的文章。

E. 奈格尔：《科学的结构》

这是一部著名的著作，它对自然科学和社会科学以及历史编纂学中有关定律、理论和解释方式等方法论的和哲学的多方面问题，作了充分的、发人深思的系统考察和系统分析。

K. R. 波普尔：《科学发现的逻辑》

这是一部鼓舞人心和高度独创的著作，它尤其对科学理论的逻辑结构和逻辑检验进行了十分详细的论述。该书适合较高水平的读者。（也有平装本）

H. 赖辛巴赫：《空间和时间的哲学》（平装本）

此书根据狭义相对论和广义相对论，对空间和时间的本质作了具有一定专业水平但又十分通俗的考察。

I. 舍夫勒：《研究剖析》

此书对解释、经验意义以及确证等观念作了高深的分析研究。

S. 图尔敏：《科学哲学》

这是一本具有启发性的入门读物，它特别对定律和理论的性质作了详细论述，并且讨论了科学决定论。（也有平装本）

有关物理科学的自成体系的著作

有的科学知识，当然还有关于它的历史的知识，对研究科学哲学中的问题来说是非常需要的；对于这一领域内的高深的工作来说，这类知识是不可缺少的。下列两部著作对物理学作了极为通俗的和丰富的、浅显的（但无疑不是普及的）说明，它们着重论述了基本概念和基本方法及其历史的发展。

G. 霍尔顿和 D. H. D. 鲁勒：《现代物理学基础》

E. 罗杰斯：《精神研究的物理学》

索　引

（条目所注页码为英文原书的页码）

Accidental generalization，偶然概括，55－58

Adams，J. C.，亚当斯，52

Ad hoc hypothesis，特设性假说，28－30

Alston，W.，奥斯顿，32n.

Auxiliary hypothesis，辅助性假说，22－25，28，29，31，97

Avenarius，R.，阿芬那留斯，42

Balmer's formula，巴尔末公式，37－38，39，53，73－74，75

Because-statement，因为陈述，52－53

Behaviorism，行为主义，107－110

Benzene molecule，苯分子，16

Bohr's theory of hydrogen atom，玻尔的氢原子理论，39，53，73－74，75，83

Boyle's law，波义耳定律，58，73

Brahe，Tycho，第谷・布拉赫，23－24

Bridge principles，桥接原理，72－75，78，80，100，104

Bridgman，P. W.，布里奇曼，88，90n.，91－97

Campbell，N. R.，坎贝尔，83，111

Carnap，R.，卡尔纳普，46，111

Causation，因果性，52－53

Caws，P.，考斯，111

Cepheids，造父变星，22，33

Childbed fever，产褥热，3－8，12，13，19，22－23，53

Classification，分类，13

Conant，J. B.，科南特，8n.，40n.

Concepts，scientific，科学概念，85，94－97

empirical import，科学概念的经验含义，96

as knots in nomic nets，作为一般网络的结点的科学概念，94

systematic import，科学概念的系统含义，94－97

vs. terms，科学概念与术语，85

Confirmation，确证，8，18，33－46，63－65

and diversity of evidence，确证与证据的多样性，34－36

and precision of test，确证与检验的

精确性，36-37
from prediction of "new" facts，从"新"事物的预言看确证，37-38，77
and probability，确证与概率，45-46
and simplicity，确证与简单性，40-45
by support "from above"，从上面得到支持的确证，38-40
Conjectures，猜测，15，21
Consistency，requirement of，一致性，一致性的要求，92，93，98
Copernican system，哥白尼体系，23-24，41，70
Counterfactual conditionals，反事实条件语句，56，57，66-67
Covering law，覆盖律，51
Credibility (of hypotheses)，(假说的)可信赖性，33，45-46
Crucial test，判决性检验，25-28
Curve fitting，曲线拟合，14-15，38，41-42，43-44

Deductively valid argument，演绎上有效的论证，7，10，16-17，58
Definition：定义
analytic，分析的定义，86，102
circular，循环的定义，87
descriptive vs. contextual，描述性定义与规定性定义，85-87
explicit vs. contextual，明言定义与脉络定义，99
extensional，外延定义，103-105
infinite regress in，定义中的无穷倒退，87
operational，操作的定义，79-80，98-100，108
theoretical，理论定义，99
Discovery，发现
and experimentation，21-22
and imagination，15-17
and induction，14-15，18
Duhem，P.，迪昂，28n.

Eddington，A. S.，爱丁顿，77-78
Electron，charge，电子，电荷，24-25，40，99
Ehrenhaft，F.，爱伦哈夫特，25，40
Einstein，A.，爱因斯坦，27，39，40，62，77
Empirical import，经验含义，30-32，96
Entelechy，隐德来希，71-72，101
Experiment，crucial，判决性实验，25-28
Experimentation：实验
as method of discovery，作为发现方法的实验，21-22
as method of test，作为检验方法的实验，20-22
Explanandum，被解释项，50，59
Explanans，解释项，50，59
Explanation：解释
deductine-nomological，演绎—律则解释，51
probabilistic，概率解释，58-59，67-69
and "reduction to the familiar" 解释与

"还原为熟悉的东西"，83－84
Explanatory relevance，解释性相关，48，52，59

Fallacy of affirming the consequent，肯定后件的谬误，7－8
Familiarity，熟悉，见 Understanding
Foucault，J. B. L.，福柯，26，27，28，71
Frank，P.，弗朗克，27n.
Free Fall，自由降落，30，39，51，58，76
Fresnel，A.，菲涅耳，26

Galileo，伽利略，9，14，28，48，51，55，57，58，76
Ghost in the machine，机器中的幽灵，109
Goodman，N.，古德曼，56
Graham's law of diffusion，格雷厄姆的扩散定律，68－69，73
Gravitation，万有引力，30，31，49，90
Grünbaum，A.，格伦鲍姆，111

Half-life，半衰期，66
Halley's comet，哈雷彗星，72
Hanson，N. R.，汉森，112
Hempel，C. G.，亨普尔，112
Hertz，H.，赫兹，27，77
Holton，G.，霍尔顿，112
Horror vacui，厌恶真空，28－29
Huyghens，C.，惠更斯，26，70
Hypothesis，假说，5－9，12－18，19
method of，假说方法，17－18

Imagination：想象
role in mathematical discovery，想象在数学发现中的作用，16－17
role in scientific discovery，想象在科学发现中的作用，15－16
Individualism，methodological，个人主义，方法论中的个人主义，110
Inductive "inference"，归纳"推理"，10－11
Inductive in wider sense，广义归纳，18
Inductive support，归纳支持，见 Confirmation
Internal principles，内在原理，72－75
International Prototype Meter，国际米原器，95
Interpretative sentences，诠释语句，88
and operational definitions，诠释语句与操作定义

Jupiter，木星，48

Kekulé，F. A.，凯库勒，16
Kepler，J.，开普勒，16，23，51，55，58，76
Keynes，J. M.，凯恩斯，46n.
Kinetic theory of gases，气体分子运动论，66，68－69，71，73，75，78

Lavoisier，A. L.，拉瓦锡，29
Law，probabilistic，概率定律，58，66，67，68
Law，universal，普遍定律，54

Leavitt-Shapley law，勒威特-夏普勒定律，22，33
Lee，T. D.，李政道，36
Lenard，P.，勒纳德，27，28
Length，长度
operational criteria，长度的操作定义，89，91-95，97
"optical" vs "tactual"，"光学长度"与"触觉长度"，92-93，98
Leverrier，U. J. J.，勒威耶，52，54
Light，corpuscular vs. wave theory，光，粒子说与波动说，26-27，40，70-71，80

Mach，E.，马赫，42，81
Maxwell，J. C.，麦克斯韦，27，77
"Meaningless" statements and questions，"无意义"的陈述和问题，90，97
Measurement，测量，89，91-98
Mechanism，机械论，101-106
Mercury（planet），水星（行星），54，77
Millikan，R. A.，密立根，24-25
Mirrors，image formation，镜，成像，50，51，54，76
Modus tollens，否定后件推理，7，10，16，23，64

Nagel，E.，奈格尔，58n.，62n.，82n.，110n.，112
Narrow inductivist conception of scientific inquiry，科学研究的狭义的归纳主义概念，11-15，18
Neovitalism，新活力论，71-72，97，101-102
Neptune，海王星，52，72
Newton，I.，牛顿，26，35，39，44，51，52，57，71，72，75，76，96
Newtonian theory of gravitation and motion，牛顿万有引力理论和运动理论，35，39，44，51，52，57，72，75，76

Objectivity，scientific，科学的客观性，11，16，17，40，41，48，90，108
Observables，可观察物体，73，77-82
Operational definition，操作定义，89-98，107-108
Operationism，操作主义，88-100
Ostwald，W.，奥斯瓦尔德，42

Parallax，视差，23-24
Parity，Principles of，宇称，宇称原理，36，62
Pascal，B.，帕斯卡，9，12，29，36，49，77
Pearson，K.，皮尔森，42
Périer，F.，普里哀，9，21，29，36，49-50，51
Phlogiston，燃素，29-30
Planck，M.，普朗克，39，74
Pluto，冥王星，72
Popper，K. R.，波普尔，44-45，112
Probability，概率，45-46，60，62-63
Pseudo-hypothesis，伪假说，30-32，49，97
Ptolemy，托勒密，41，70

Puerperal fever，产褥热，见 Childbed fever
Puy-de-Dôme experiment，普夷迪-多姆山实验，9，12，29，31，36，49-50

Quine，W. V.，蒯因，87

Radioactive decay，放射衰变，61，66-67，68
Random experiment，随机实验，59-61
Reduction，还原，101-110
Reichenbach，H.，赖辛巴赫，43-44，112
"Relevant" data or facts，"有关的"资料或事实，12-13，21-22，48
Rogers，E. M.，罗杰斯，41n.，112
Roller，D. H. D.，鲁勒，见 Holton
Rorschach test，罗沙克测试，91
Ryle，G.，赖尔，109n.

Salmon，W.，沙尔蒙，7n.
Scheffler，I.，舍夫勒，112
Sciences：科学
  empirical vs. nonempirical，经验科学与非经验科学，1
  natural vs. social，自然科学与社会科学，1-2，22，110
Sea of air，气海，9，14，28，31，77
Semmelweis，I.，塞美尔怀斯，3-8，12，13，19，22-23，35，53
Simplicity（of hypothesis or theory），（假说或理论的）简单性，30，38，40-45，94，96
Sizi，F.，西兹，48
Smart，J. J. C.，斯马特，82n.
Snell's law，斯奈耳定律，34-36，45，55
Stanford-Binet test，斯坦福-比奈测试，91
Subjunctive conditionals，虚拟条件句，56
Systematic import，系统含义，94-97

Temperature，measurement，温度，测量，92，93，98
Term，术语，14，74-75，79-80，88，98-100
Test，检验，4-9，22-28，63-65
Testability-in-principle，原则上的可检验性，30-32
Testability requirement of explanations，解释的可检验性要求，31，49，52
Test implication，检验蕴涵，7，22-23
Theoretical entities：理论实体，73，77-82
  as fictitious，作为虚构的理论实体，79-82
  vs. observables，理论实体与可观察的，73，81-82
  "reality" of，理论实体的"实在性"，77-82
Theory，理论，26，38-40，70-84
  characteristic terms，特有的理论术语，14，74-75，85，88
  relation to previously established laws，理论与先前确立的定律的关系，51，70，75-77
Time，measurement，时间，测量，95-96

Torricelli，E.，托里拆利，8n.，9，12，20，21，28-29，31，36，49-50，77
Toulmin，S.，图尔敏，112

Understanding，scientific，科学的理解，47-49，70-72
and sense of familiarity，科学与熟悉性的意义，47，71-72，83-84
Uranus，天王星，52，54，72

Vital force，活力，见 Entelechy
Vitalism，活力论，见 Neovitalism
Vulcan，火神星，54

Whewell，W.，惠威尔，15n.
Wolfe，A. B.，沃尔夫，11n.，15n.

Yang，C. N.，杨振宁，36
Young，T.，杨格，26

译后记

卡尔·G. 亨普尔1905年出生于德国奥兰尼恩堡。他1923年就读于海德堡大学，学习数学、物理和哲学。1924年转入柏林大学，跟随马克斯·普朗克学习物理，跟随冯·诺依曼学习逻辑，并深受伟大数学家希尔伯特的数学统一纲领的影响。他在著名哲学家赖辛巴赫指导下于1934年获哲学博士学位。在此期间，他参加维也纳学派并成为这个学派的主要成员，并且是这个学派活得最长的一个成员。1937年跟随R. 卡尔纳普任教于美国芝加哥大学哲学系。1948—1955年任教于耶鲁大学哲学系。从1955年起他担任普林斯顿大学哲学教授，1973在那里获得终身教授职位。其后，1977年至1985年在匹兹堡大学继续担任哲学教授。1985年退休回到普林斯顿，1997年在那里逝世。

亨普尔是20世纪伟大的科学哲学家，有人称他为20世纪三大科学哲学家之一，其他二人是证伪主义哲学家卡尔·波普尔（1902—1994）和科学哲学的历史学派的创始人T. S. 库恩（1922—1996）。他们三人差不多同时在20世纪末逝世。阅读这三人的主要著作，对于20世纪科学哲学的来龙去脉自然会有一个大致的了解。

亨普尔在科学哲学上的最主要贡献，依我看来，就是：（1）依据逻辑经验论的理论及其意义标准，为科学哲学创造一个相当严格的理论体系，为20世纪科学哲学的研究打下一个基础。（2）提出了科学解释的标准模型，这就是演绎—律则解释模型和归纳—统计解释模型。在20世纪后半叶关于科学解释的论文中，无论赞成或者反对这两个模型的，有 75%的论文都提到亨普尔提出的解释模型。（3）他与时俱进，在与波普尔、蒯因和库恩的讨论和辩论中不断修正和丰富自己的科学哲学观点。例如他晚年承认不可能存在一个明确的界限来区分可证实性与不可证实性，以及观察语言与理论语言；他还对理论术语的意义如何确定问题作出新的研究。当然，20 世纪的科学哲学，学派林立，走向一个多元竞争的局面，但它们之间总是存在着一种相互继承和相互联系的脉络。虽然科学哲学的历史学派以及后来的发展已经将逻辑经验论的科学哲学远远地抛到后面去了，但并没有使它消失在背景中，后来的发展总是以先前的成就为基础或者为起点。所以要掌握当代科学哲学的发展脉络，要掌握当代科学哲学的最新观点和最新进路，亨普尔的科学哲学是一个不可越过的环节。因此，在科学哲学界当中，我特别提倡要系统地研究亨普尔《自然科学哲学》这本书。我们读过这本书之后就会发现，本书除了没有从动态的观点、从科学革命的观点来分析科学哲学问题之外，它对科学哲学的其他主要问题，例如科学发现和科学假说的检验问题，科学定律和科学理论的性质问题，科学解释的结构及其功能的问题，科学概念的意义确定问题和科学理论的还原问题，都作了极为深入、极为严格又极为简明的分析，并使用科学史上最为典型的案例十分恰当和十分通俗地解说了这些问题。

特别值得我们注意的是，本书发表于 1966 年。这时，不但波普尔的证伪主义科学方法论早已流行，而且蒯因对逻辑经验两个教条的批判早已发表，并且库恩的科学革命的理论也早已流行。难能可贵的是，亨普尔是以一种开放的心态来接受这些挑战，在争论中修正和补充自己的观点。例如就在本书中，在科学的发现和假说的检验问题上，他吸取了波普尔有关科学研究从问题（或假说）开始而不是从观察开始的观点与科学假说和理论的可证伪性的观点，但又坚持不同的假说和理论有自己不同的确证度，并详细分析决定这个确证度或可信赖性的各种因素。在科学概念意义的问题上，他似乎吸取了蒯因的整体主义的某些成果，反对早期逻辑经验主义所主张的经验标准是它唯一的意义，而主张科学概念既有它的经验含义又有它的理论含义，是在一个理论背景下的概念网络中决定自己的意义。同时他已经不是用观察词来规定理论词的意义，而是用前理论词汇来规定理论词的意义，表现出他对理论与观察之间的相互关系所采取的灵活处理。因此，本书是后期逻辑经验论的相当成熟的科学哲学著作。它出版后立即被翻译和出版了十几种不同文字的版本，成为世界性的标准科学哲学教材之一是顺理成章的。基于上述这种认识，当中国人民大学出版社将本书的版权从美国购买回来并邀请我重新翻译本书时我欣然同意了。1984 年，我曾经作为主要翻译者之一参加过这本书的翻译工作。由于种种情况，特别是在事隔 20 多年之后，本书的确需要重新翻译。在重译本书中，我参考了我和余谋昌、鲁旭东合译由邱仁宗校阅并由三联书店出版的旧稿，在某些地方还采用了他们的一些表述，在此特向他们表示感谢。

张华夏

2006 年 6 月

图书在版编目(CIP)数据

自然科学的哲学/(美) 卡尔·G. 亨普尔(Carl G. Hempel) 著；张华夏译. --北京：中国人民大学出版社，2022.4
(张华夏科学哲学著译系列)
书名原文：Philosophy of Natural Science
ISBN 978-7-300-30336-9

Ⅰ. ①自… Ⅱ. ①卡… ②张… Ⅲ. ①自然科学-哲学理论 Ⅳ. ①N02

中国版本图书馆 CIP 数据核字（2022）第 026058 号

张华夏科学哲学著译系列
任　远　编
自然科学的哲学
[美] 卡尔·G. 亨普尔（Carl G. Hempel）　著
张华夏　译
Ziran Kexue De Zhexue

出版发行	中国人民大学出版社		
社　　址	北京中关村大街 31 号	**邮政编码**	100080
电　　话	010－62511242（总编室）		010－62511770（质管部）
	010－82501766（邮购部）		010－62514148（门市部）
	010－62515195（发行公司）		010－62515275（盗版举报）
网　　址	http://www.crup.com.cn		
经　　销	新华书店		
印　　刷	涿州市星河印刷有限公司		
规　　格	170 mm×240 mm　16 开本	**版　　次**	2022 年 4 月第 1 版
印　　张	9 插页 4	**印　　次**	2022 年 4 月第 1 次印刷
字　　数	116 000	**定　　价**	45.00 元